五位一体：生态城市理论与实践

Five in One": The Theory and Practice of Eco-city

王彦鑫／著

吉林出版集团股份有限公司

图书在版编目（CIP）数据

五位一体 ：生态城市理论与实践 / 王彦鑫著. --
长春 ：吉林出版集团股份有限公司，2015.12（2024.1重印）
ISBN 978-7-5534-9824-9

Ⅰ. ①五… Ⅱ. ①王… Ⅲ. ①生态城市一城市建设一
研究 Ⅳ. ①X21

中国版本图书馆 CIP 数据核字(2016)第 006745 号

五位一体：生态城市理论与实践

WUWEI YITI：SHENGTAI CHENGSHI LILUN YU SHIJIAN

著　　者：王彦鑫
责任编辑：杨晓天　张兆金
封面设计：韩枫工作室
出　　版：吉林出版集团股份有限公司
发　　行：吉林出版集团社科图书有限公司
电　　话：0431-86012746
印　　刷：三河市佳星印装有限公司
开　　本：710mm×1000mm　1/16
字　　数：263 千字
印　　张：15.25
版　　次：2016 年 4 月第 1 版
印　　次：2024 年 1 月第 2 次印刷
书　　号：ISBN 978-7-5534-9824-9
定　　价：70.00 元

目 录

理论篇

实证篇

理 论 篇

第1章 序 论

1.1 研究背景

1.1.1 城市化趋势与问题

1.21 世纪是城市化的世界

城市是现代文明的标志，是国家和区域经济社会发展的核心。城市化既是人类必然经历的自然进程，也是国家工业化、现代化发展程度的重要标志。城市化不仅是农业活动向非农业活动转换和人口、资金、技术等要素集聚的过程，也将对社会构成、思想文化的传播等产生深远的影响。

城市化是当今世界上重要的社会、经济现象之一，我们已经进入一个城市化的世界，城市化快速发展突出表现在三个方面：①全世界城市化节奏的加快；②“欠发达”地区的城市增长，并没有伴随着资本主义国家城市化过程中的相应的经济发展；③新城市形态的出现，特别是大城市地区（The Great Metropolises）相继出现（曼纽尔·卡斯特 2006）。1950 年，世界上人口达到 800 万以上的城市只有纽约和伦敦，1970 年，达到这一规模的城市增加到 11 座，2006 年增加到 35 座，其中包括我国的上海、北京、深圳、重庆等四城市。

根据世界城市化发展轨迹，目前世界城市化发展呈现出以下趋势（如图 1-1所示）：

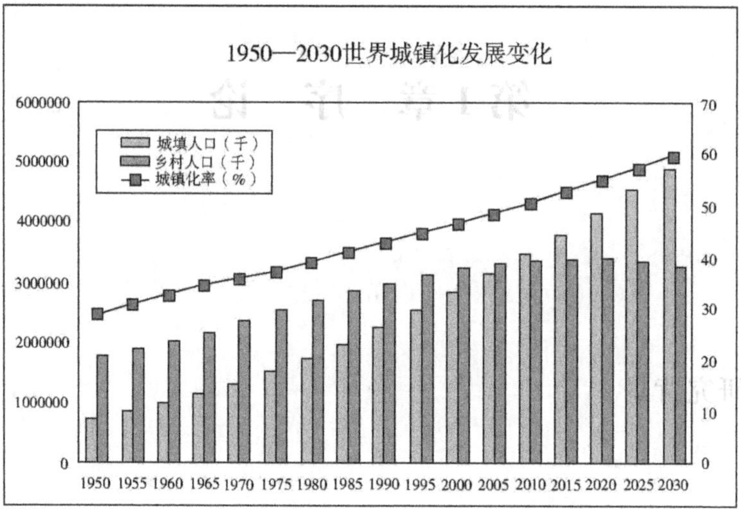

图 1-1　1950—2030 年世界城市化发展

Fig. 1-1　Development of world urbanization

（1）发展中国家城市化趋势明显加快，其后发优势逐渐显现。由于全球经济一体化、信息化进程的加快，发达国家的产业结构的调整，导致全球新一轮的劳动地域分工的出现，给发展中国家带来了新的发展机遇，促进了城市化的快速发展，特别是亚洲、拉丁美洲城市化发展最为显著。据预测，到 2025 年，全球城市化水平将上升至 65%，其中发展中国家将上升至 61%。

（2）全球城市体系出现多极化的新特点。随着经济全球化进程的日益加快，使若干全球信息节点城市发展为世界城市或国际城市，越来越主宰或控制全球的经济命脉，全球城市体系出现新的等级体系结构，即世界级城市—跨国城市—国家级城市—区域性城市—地方级城市，并且城市在全球经济中所扮演的角色也越来越重要。

（3）各级节点城市主宰着世界、国家、地区的经济发展。随着信息社会的建设和全球城市化的普遍到来，城市间的经济网络最终将会主宰国家和地区的经济命脉，特别是在若干城市首位度极高的国家和地区，首位城市左右和逐渐主宰该国和地区的经济社会事务的趋势正现端倪。

2. 城市建设生态问题日益严重

城市化就像一把双刃剑，在带来巨大效益、推动社会进步、创造并使人类享受城市文明的同时，也造成了环境污染、社会失序等问题。人口高度密集和经济活动强度剧增使城市面临资源耗竭、环境污染和生态破坏等问题，由于基础设施水平和管理决策水平落后而导致城市布局混乱、交通拥挤、住房紧张、用地困难等“城市病”现象等，特别是由此引起的民生问题、政治问题等进一步引发的社会稳定逐渐突出。

(1) 城市大气污染相当严重。城市是人口工业集中区，大量的工业废气、汽车尾气的排放，使我国的大多数城市大气污染严重。据国家环保总局 2007 年环境质量公报，在监测的 640 个城市中，有 65.9%的城市空气环境质量为三级或劣于三级，暴露于未达标空气质量的城市人口占统计城市人口的近四分之三。

(2) 城市化带来的水资源危机。伴随着城市化的快速发展，城市规模越来越大，城市人口增加，工业迅速发展，城市用水量急剧增加（刘昌明，1998）。然而许多地区水资源不足，使城市供水日趋紧张。全国 600 多个城市中有 400 多个缺水，其中有近百个城市严重缺水。地表水的短缺促使许多城市超量开采地下水，从而导致地下水位下降，地下水资源日趋枯竭，这不仅加深了水资源危机，而且造成地面沉降、建筑物倾斜、倒塌、沉陷、地下水管道破裂、海水倒灌等恶果（冉茂玉，2000）。另外，水质量也不容乐观，近几年来的环境状况公报和环境统计数据显示，目前我国城市中有 80%以上的工业废水和生活污水未经处理排入水体，使流经主要城市的 70%的河段受到不同程度的污染，近 80%的重点城市水源地不符合饮用水标准。

(3) 城市固废对环境影响不断增大。城市生活垃圾随着居民生活水平的提高和人口的增长，呈大幅度增长趋势，一些大城市垃圾的增长速度已高达 20%。然而对于全国绝大多数城市来说，垃圾的无害化处理只是处于刚刚起步阶段，目前城市生活垃圾无害化处理率仅为 54.3%，大部分城市的垃圾仍以简单坑埋、填充洼地、地面堆积、挖坑填埋、投入江河湖海、露天焚烧等处理方式为主。即使是已经建成的垃圾填埋场，由于建造标准低，缺乏污染控制措施，也不能有效地保证其对环境的安全性。

(4) 土地的破坏与污染日益严重。城市化使一些城市在用地面积扩大的过程中盲目侵占耕地，占而不用，占而不建，使城市近郊大量肥沃的农田被搁浅、荒芜，特别是 20 世纪90 年代以来大量开发区及工业园区的建设，使得耕地数量急剧减少，例如：1992 年以来，长江三角洲地区耕地年递减率超过 1%。同时城市内大量的污染物未经处理直接排放，造成土壤污染、土质下降。一些零星的土壤检测数据表明部分地区土壤中重金属含量明显增高，农药也普遍检出或超标，土壤污染直接导致农产品品质的下降。此外，在建设中不注意保护原有的优良自然生态或景观，而是“一刀切”，将原来生机盎然的绿色世界变成一片“白色”的世界。

3. 生态城市是未来城市发展的必然选择

生态城市理论是在传统城市建设模式指导下城市建设难以为继的基础上提出来的，是面对社会问题频发，经济畸形发展，环境日益破坏，传统文化不断消失，政治环境日益紧张等问题，对传统的高消耗、高污染、低效率，片面孤立发展的城市发展模式的否定和摒弃，是对城市发展模式的创新。

生态城市理论是在生态理论和科学发展观等理论指导下建立起来的城市可持续发展的新模式，它强调城市发展要建立在可持续发展上，既满足当代人的需求，又不对后代人满足其自身需求的能力构成危害的发展，既要经济发展，居民有丰富的物质财富，又要不断地丰富精神财富，提高居民的幸福指数；既要经济社会文化教育的综合协调发展，又要合理利用自然资源，保护好生态环境，为后代维护、保留好资源，使城市得到公平、和谐、永续的发展。

1992年联合国环境与发展大会之后，在《21世纪议程》可持续发展理论和实践热潮的推动下，“生态城市”得到了世界各国的普遍关注和接受。生态城市使人类看到了未来的希望，这一概念和设想具有十分重要的理论和实践意义。可以看出，建设“生态城市”是人类经过长期反思后的理性选择，“生态城市”是人类发展的必然选择，是未来城市发展的方向。

1.1.2 全球生态化运动的兴起

20世纪90年代以来，在发达国家发起以生态环境革命为导向的全球绿色浪潮的强力推动下，世界正在发生一场生态化运动。生态化是把生态学的原则渗透到人类的全部活动范围中，用人和自然协调发展的观点去思考问题，并且根据社会和自然的具体可能性，最优化地处理人和自然的关系。生态化包括传统经济向生态经济、传统政治向生态政治、传统文明向生态文明、传统社会向生态社会的转化。

1. 经济生态化

经济生态化就是要通过经济系统向自然生态系统有选择性的学习，转变经济系统的结构和运行模式，最大限度地降低经济系统运行对资源利用和环境的破坏，实现向生态经济迈进的过程。

经济生态化就是在改变传统的以资源高消耗、生活高消费和环境高污染为主要特征的工业经济模式，建设一种环境友好型、资源节约型的新型工业经济模式。它就是实现经济效益、社会效益和环境效益的协调、平衡。经济生态化对实现经济可持续发展，提高人类生活质量和确保人类在地球上长期生存和发展有着重要的意义和价值。

经济生态化进程追求以人为本的经济发展，反对经济发展背离人的根本利益；追求对环境友好的经济发展，反对在经济活动中疯狂地算计、盘剥和掠夺自然；追求节约资源和能源的经济发展，反对浪费资源和能源、污染自然环境的经济行为；追求公平合理的经济发展，反对以牺牲他人的环境权益为代价来谋求以自我为中心的畸形发展；追求可持续的经济发展，反对把经济发展的过程变成一个不断加剧环境危机和有害于人自身的荒谬过程。经济生态化代表着我国经济发展的未来方向和前景。

2. 政治生态化

世界各国生态政治运动的兴起及各国生态绿党的建立，推动了政治生态化的产生与发展。特别是欧洲的绿党的组建和进一步发展壮大，加速了政治生态化。政治生态化主要表现为：

(1) 各国政府决策行为生态化。政府决策行为生态化主要表现在解决环境与发展、经济与环境、经济与社会等方面的问题时，政府利用政策、法令、规章制度、教育方式等对环境保护进行直接干预，对经济发展模式、公众行为的影响，促进环境、经济与社会的和谐发展；把各种权利、手段有效地结合起来，提高公众的环境意识、科学素质，调控人口数量和素质；通过政府实施教育工程改变人们无节制地追求物质享受的消费观念和消费方式，培育全新的政治生态观。

(2) 政治环境生态化。政治环境生态化突出表现为政治民主和公民政治参与行为生态化。加快民主化进程的不断向前发展，政治民主化进一步加强，使投票、选举、集体决策、科学决策等成为常态；另一方面，公民的政治参与意识和行为生态化，改变经济靠市场、环保靠政府的传统消极的观念，加强公民对政府工作的监督，避免政府决策失灵。

(3) 国际政治生态化。建立国家、地区间平等、和谐、和平共处的国际政治新秩序，逐步消灭强权政治和霸权主义，避免地区、国家、民族间的冲突、战争、核军备竞赛等，保证全球生态环境的持续发展；建立全球伙伴新关系，推动国际社会间在维护、恢复地球生态环境方面的合作，推动国际社会在经济、社会方面的合作，发达国家多承担责任，保护环境和经济发展协调的可持续。

(4) 政治教育生态化。将生态学的基本原理、知识、原则渗入到政治教育之中，将受教育者的政治文化、政治意识提升到全人类的生存文化、生存意识上来，从而促进受教育者的环境素质和环境意识的提高。目前，政治生态化已成为解决当今全球环境问题和生态危机、促进世界政治、经济、社会、文化、生态环境协调、持续发展的重要措施和途径，政治生态化也就成为未来政治发展的新趋势和必然选择。

3. 文明生态化

文明生态化就是随着世界工业化的发展，资源、环境问题日益成为全球面临的突出问题，人们逐渐抛弃工业文明向生态文明转化，是人类对传统文明特别是工业文明进行深刻反思的重要结果，也是人类社会向更高文明状态发展的必然（李迅，2008）。

生态文明是以马克思主义的生态文明思想为指导的发展观，其核心问题是人与自然和谐发展。生态文明强调：一是人与自然是一个高度统一体，人是自然界的产物，自然是人生存发展的前提和基础；二是社会实践是人与自然联系的中介，只有在实践中，在认识和遵循自然规律的基础上和自然规律相结合，才能取得预期的效果；三是人类是在一定的生产方式下从事改造自然的活动，生产方式影响、制约着人与自然关系的发展。

生态文明是“生态中心主义”的自然伦理观。倡导生物、生态具有内在的人文价值，承认自然是工具价值和内在价值的统一，并提高到人与自然和谐的整体高度来审视，把生命联合体利益、人与自然利益共同体作为道德的终极目标，本质上重塑了人与自然的关系，人类不再是自然的主宰，只是自然的享用者、维护者和管理者。因此，我们必须按照“生态中心主义”思想，重新构建人类与自然的关系，进一步在道德规范、政府管理、社会生活等方面转变原有的观念、做法和组织方式。

目前，生态文明理念已进入了人类生活的各个领域，产生了新的生态经济观、生态文化观和生态政治观、生态世界观等，并且在各个领域指导和影响着人们的言行举止、行为规范。特别是党的十七大报告提出“建设生态文明，基本形成节约能源资源和保护生态环境的产业结构、增长方式、消费模式；生态文明观念在全社会牢固树立”，这是“生态文明”第一次写入党代会报告，意义深远。这是国家治国理念的一个新发展，是环境保护历史性转变的深刻体现，它表明环境保护已经成为国家意志。

4. 社会生态化

社会生态化是指人类社会面对日益显现的资源枯竭、环境污染、生态灾害所作出的对生态与环境的适应性互动和定向改变。这种定向改变是在尊重自然、保护自然、学习自然基础上的模拟自然生态系统演化与周围环境采取协调一致的运行模式而对人类文明的一种调适，其实质是生态文明建设（徐国祯，2008）。

社会生态化趋势主要有：①用生态哲学的认识论、方法论、价值观，提升人们的生态意识；②采用生态经济良性循环的生产方式合理利用资源，建立资源节约型、环境友好型社会；③对资源和环境进行经济核算，把绿色GDP纳入到国民经济核算体系中去；④改变人们的生活方式和消费方式，未来的生活方式不应当是对物质财富的过度享受，而应当是一种既能满足自身需要而又不损害自然生态的生活方式；⑤依靠政策和法律法规调控社会和市场的行为，增加对环保的投入，建立和完善生态效益补偿机制等。

社会生态化的关键是在各行各业中构建各自相适应的生态文明，将局部的、个别的生态范式系统化、社会化、规模化、固定化，使之成为社会的整体行为和共同的意愿。其中，最重要的是加强生态教育，使人真正成为全面发展的人，以实现人和自然之间，人和人之间的协调，最终形成一个资源节约型、环境友好型社会，构建节约能源资源和保护生态环境的产业结构、增长方式、消费模式，实现人与自然和谐相处的社会环境和社会氛围。

1.1.3 科学发展观的提出与落实

经过以邓小平、江泽民、胡锦涛为核心的三代领导集体的不断发展、演进和创新，科学发展观于党的十六届三中全会中明确地提出，并在党的十七大报告中作为我党今后工作的重大战略思想，在未来的若干年内指导中国的具体实践。

科学发展观就是坚持以人为本，树立全面、协调、可持续的发展观。以人为本，就是要把人民的利益作为一切工作的出发点和落脚点，不断地满足人们的多方面需求和促进人的全面发展；全面，就是眼于经济、社会、政治、文化、生态等各个方面的发展。要在不断地完善社会主义市场经济体制，保持经济持续快速协调健康发展的同时，加快政治文明、精神文明、生态文明的建设，形成物质文明、政治文明、精神文明、生态文明相互促进、共同发展的格局；协调，就是各方面发展要相互衔接、相互促进、良性互动。重点是协调经济社会发展中的各种关系，协调好城乡发展、区域发展、经济社会发展、人与自然和谐发展、国内发展和对外开放之间的关系，促进整个社会的协调发展，共同进步；可持续，就是要统筹人与自然和谐发展，处理好经济建设、人口增长与资源利用、生态环境保护的关系，推动整个社会走上生产发展、生活富裕、生态良好的文明发展道路。

科学发展观在城市建设中主要体现为：

推进城市化建设中，第一要义就是要加快以经济建设为中心的发展。经济是城市建设的基础，只有经济发展了，才能为现有城市劳动力提供就业机会，吸纳新的城市人口；只有经济效益提高了，才能支撑各项城市建设的发展。

城市建设的核心是以人为本，发展再重要，只是手段而非目的，发展的终极目的是为了不断地提高民众的福祉，实现人的全面发展。要求城市建设、发展的每一个环节，从规划、建设、运行到管理等环节都要全面体现以人为本，城市发展中的每项举措都是为了市民，同时要依靠市民，发展成果由市民共享。

在推进城市化和城市发展中，必须是经济建设、政治建设、文化建设、社会建设和生态建设一齐抓，特别是当前经济建设与政治建设受到普遍重视，而后三者被忽视的情况下，更必须加强文化、社会和生态建设。

在城市发展中实现统筹兼顾，在空间上统筹兼顾主城区与周围城区、不同功能区、地面建筑和城市地下空间的开发利用等；在时间上统筹兼顾在城市的过去、现在和未来；在城市主体上统筹兼顾不同利益主体的诉求。

在全球城市化飞速发展的21世纪，如何顺应全球生态化、科学化发展的大趋势，城市如何发展是摆在我们面前的具体而且紧迫的问题，生态城市建设为我们解决当前城市发展中出现的一系列问题提供了一套全新的思路和方法。生态城市是什么、如何建设等问题需要我们去思考和探索，本书就是基于以上背景而展开研究的。参阅专栏1-1。

专栏1-1 网上调查——人们心中的未来的理想城市

（1）城市是政治、经济、文化、娱乐、信息、交通、生活的集合地。城市不但是承载人类文明的都市，还是对自然生活的发扬；不只是人们温暖的心灵家园，还是梦幻的欲望天堂；不仅要有热闹繁华的车水马龙，还要有清新恬静舒适的环境。这就是我的理想之城。

（2）我心中的理想之城：交通应该是全天候、全方位、全空间（三维）的绿色交通。人们驾驶着太阳能飞艇往返于上班之路；地铁将城市与城市连接；马路上只有悠然自得的行人和自行车；假日里一家人可以驾着汽艇游玩度假……

（3）对于老人：理想的城市应该是鸟语花香，恬静安逸的，没有太多的纷扰，能让其与自然对话；对于中年人：理想的城市应该是稳步发展，设施完善，能经得起大风大浪的地方，在他们眼里，身居一个能解决大多数问题的地方，才是对自己价值最大的肯定；对于青年人：理想的城市应该是丰富多彩，怀揣着梦想，充斥着挑战的地方；对于孩子：理想的城市应该就是父母所在的城市，在他们的世界里，只要有爱的地方都是理想的。

（4）生活节奏有规律；绿化比50%；不堵车；空气和水无污染；公共交通舒适便捷；上学、就医、购物、休闲等公共设施配套布局合理；要有很好的政府福利性的养老院。

（5）用高科技手段把环境处理好，主要是资源循环利用合理，即使在城市也可以呼吸到像山村一样的新鲜空气，不会出现堵车问题。

（6）我理想的城市是拟自然的，是人与松鼠、小鸟等和谐相处的自然家园；是步行可及以及步行优先的，拥有步行、公交与小汽车平等分享的街道体系；是倡导社区公共服务价值的，社区公共图书馆、公共托儿机构等构成城市社区生活的核心；是心灵的家园，是点燃创造力的精神栖息地。

（7）我的理想之城：人人安居乐业，体面地生活、工作，有房住，收入至少可以养活自己及家人；人人和谐相处，天下无盗，路不拾遗，夜不闭户；人人有学上，可以因为能力不够、不可以因为经济原因成不了大学生，要有杰出者获得诺贝尔奖；人人有病医，可以因为科学原因、不可以因为经济原因得不到医治而死亡、伤残；消除城乡差别，农民、农村人不比职工、城里人差；我们生活在一个大公园里，生态、环保，不要自己毁灭我们的地球，给子孙后代留一点空间；强制推行婚检、孕检，消灭造成先天性残疾的可能。对残疾人要充分尊重、关爱，让他们同享阳光。

(8)“水在城中、城在林中、路在绿中、楼在园中、人在景中。”

(9) 城市是有生命的，城市如人，既有身体又有精神；既有外表又有内心。一座城市就是一个世界，既要有物质内涵又要有精神内涵。要给城市一种精神，一个灵魂；要给城市一个梦想，一个未来，让人们共享有价值、有意义的生活，共享有希望、有梦想的生活。记得意大利文艺复兴时期的哲学家、作家康帕内拉曾在其著作中描绘了一个理想国并将其命名为“太阳城”，我们也希望每一座城市都能够成为太阳城。让我们的理想之城、心灵之城充满明媚的阳光，这大概也是诗人的梦想吧！

(10) 苏州是我心中的理想之城。它不像上海等一线城市那样繁华，反而有一种宁静，也不像那种山村，苏州是宁静与热闹的结合体。交通通畅，景色秀美。房价也还能承受得起，教育资源也不错。

(11) 我理想的城市是：繁华而不喧嚣，宽敞而不拥挤，生活节奏明快，道路交通形式多元，市民热情真诚。

(12) 我梦想未来的城市是民族团结，自然和谐，绿色环抱，天地宜居。

(13) 理想的城市一是科学规划：例如，自然资源的合理利用（可参考丽江的水资源利用），城区道路的合理安排（局部交通拥阻区域可参考中国香港单方向环城交通）等，没有粗暴对待资源和环境的现象；二是市民文明：文雅而自信，积极而团结，没有文明的人群就没有文明的城市；三是拥有特色文化氛围：一个拥有原生滋味、特色地方文化的城市是有吸引力的；四是政府作为：拥有科学执政能力的政府，其工作作风会带来全民的作为意识。

(14) 理想中的小城是老子眼中的小国寡民，是陶潜笔下的世外桃源，是詹姆斯·希尔顿书里的香格里拉，是托马斯的乌托邦，是旧约的伊甸园，是每个人心灵上的一种归宿，存在于每一张发黄的旧照片，每一张微笑的脸庞，每一张小城的春、夏、秋、冬。

(15) 为了生产、生活更环保，交通不那么拥挤，城市布置应呈圆环型，城市的中心区域是学校、医院、商场等政治经济文化娱乐区和在城市中心范围内的间隔的小型公园，城市中心区的外边是一环路；一环路外是一圆环圈的生活住房，再其外是二环路；二环路外北面是食品厂，南面是制衣厂、鞋厂等无污染或污染很小的工业厂房；其外是三环路，三环路外是污染相对较重的工业厂房。

（16）我梦想里，理想之城，可以有紧凑的生活节奏，但是不要匆忙；它的天空可以不是天天蓝，但是不要苍茫得让我抬头就想哭；它的街道可以狭长，喧嚣的市场、人来人往，但是不要出现那些霸占我们同情的面孔，我们很善良，害怕谎言和虚伪；它可以不是很美丽，但是不要出现那么扎眼的一个过分肮脏的角落。还有，这个理想之城，我还期待自己的梦想可以实现，找到一份爱，可以告诉我幸福所在。

资料来源： http：//expo2010. sina. com. cn/weilaichengshi/index. shtml.

1.2　研究目的和意义

1.2.1　研究目的

世界城市化进程表明，城市将成为世界上一个重要系统已成为不争的事实，对全世界的影响也越来越重要，人类的未来将呈现的是一幅以城市为主体的画面。然而，各国在城市建设的过程中，引发了一系列城市社会、环境、经济、政治、文化等问题，极大地阻碍了城市的可持续发展。因此，解决城市化带来的种种危机对人类提出了严峻的挑战。建立可持续的、高效的、健康的、协调的、以人为本的城市已成为城市发展的最终追求。生态城市是人类城市建设思想从生态失落向生态觉醒、生态自觉演进的结果，反映了人类价值观、文明观的根本转变，是人类城市的未来发展方向。但是从生态城市理论提出到生态城市建设实践中存在的一些问题和难点，导致到目前为止真正的生态城市还没有建成，应该说原因是多方面的。在理论层面：生态城市理论处于百花齐放、百家争鸣的阶段，没有集大成的理论出现。在理论界，对生态城市的概念、内涵等研究较多，但对生态城市系统组成没有统一的认识，没有全面的、统一完整的评价体系，不能被多数人接受并应用在实践中。因此，生态城市理论需要进一步深化。在实践层面：每个城市的基础、建设目的与动机、评价方法、预期成果等不同，因此生态城市建设的侧重点不同，会产生不同的结果，再加上理论的滞后，被人们真正接受的生态城市没有出现。基于以上问题，本书提出生态城市建设与实证研究这个课题，以期达到以下目的：

（1）构建“五位一体”的生态城市系统理论。在总结和借鉴前人研究的基础上，运用城市生态学、生态经济学和可持续发展等理论，将政治、文化这两个影响生态城市建设的重要因素引入生态城市理论，提出“五位一体”生态城市系统理论模型，即生态政治系统、生态经济系统、生态社会系统、生态环境系统和生态文化系统组成了生态城市框架，它们的相互作用、相互联系、协调发展推进了生态城市的发展。

（2）构建生态城市全新的评价体系。在提出“五位一体”生态城市系统理论模型的基础上，运用科学合理的统计方法和手段，按照系统性、全面性、可操作性、动态性和可比性原则，构建一套能够比较准确地反映生态城市建设的评价体系，有力地促进生态城市建设。

（3）对太原市生态城市建设提供理论支持与实践指导。太原市目前处于转型发展的关键时期，2006 年，太原市提出了以“绿色转型”为主题的生态城市建设，但是目前进展不太顺利。本研究将“五位一体”的生态城市系统理论模型、生态城市建设动力机制模型及生态城市评价体系，运用于太原生态城市建设的实践中，为太原市生态城市建设提供理论支持和技术指导。

1.2.2 研究意义

本书以实现城市可持续发展为目标，在宏观层面上构建城市的生态政治、生态经济、生态环境、生态社会和生态文化，促进相互之间的和谐发展；微观层面上完善城市的结构布局、基础设施、功能区划，创新管理体制与机制等，探索建立既符合我国国情，又能实现城市的可持续发展的发展模式。在理论、实践上对我国城市发展具有较大的意义，主要体现在：

（1）进一步完善了生态城市建设理论。20 世纪中后期以来，生态城市建设在全球范围内广泛展开，取得了一定的进展，积累了一定的经验。但到目前为止，还没有真正意义上的生态城市，其中的原因之一就是指导实践的理论研究滞后，生态城市建设理论仍有待于进一步深入。本书从城市生态学、可持续发展理论等原理出发，界定了生态城市的内涵及主要内容，提出了“五位一体”的生态城市系统理论；在总结城市化动力机制的基础上，提出了生态城市建设动力模型；在借鉴前人提出的生态城市评价理论的基础上，进一步把生态政治、生态文化纳入评价体系，构建了生态城市评价体系，这将有助于进一步完善生态城市建设理论。

（2）为城市的转型发展提供一套比较系统、完整的理论与道路选择。当前，我国生态城市建设大部分是工业化后的生态转型，是在传统的城市建设模式难以继续进行下去时提出的生态转型。本书提出了包括生态城市系统构成、动力机制及评价体系等生态城市建设框架，对指导我国的城市研究，制定科学合理的城市发展战略，实现城市转型发展具有一定的现实意义。

（3）有助于推动太原市生态城市建设。可持续发展是生态城市建设的核心内容。本书运用“五位一体”生态城市系统理论、建设动力机制理论及评价理论，对太原市生态城市建设进行深入细致的剖析，在指出不足、分析差距、识别重点的基础上，提出若干对策与建议，对加快太原市生态城市建设，实现可持续发展和协调发展，具有一定的指导意义。

1.3 本书的研究方法与框架结构

1.3.1 研究方法

研究方法要适应研究目标和内容的要求，为了使研究成果建立在科学、严谨的基础上，研究方法的选择与运用至关重要。对本书而言，由于研究的内容具有复杂性和多层面的特点，因而综合运用了如下的研究方法：

（1）比较分析法。在生态城市理论研究与实践现状部分，通过国内与国外、古代与现在的比较，比较深入地了解生态城市理论研究成果与不足；在对太原市生态度评价时从纵向与横向两方面比较，力求对太原市生态城市建设有更全面的认识、更科学的分析和把握。

（2）系统分析法。生态城市是由复杂系统组成的复合体，不仅涉及面多、影响因素广，而且各个层面之间、各个因素之间又存在错综复杂的联系与制约关系。因此，理解和分析生态城市必须要用系统的分析方法，对生态城市系统作出全面、详细、准确的构建。

（3）理论分析与实证研究相结合。在广泛收集国内外生态城市和可持续发展领域研究文献的基础上，运用可持续发展理论、城市生态系统理论、生态经济理论、循环经济理论等多学科，提出了“五位一体”生态城市模型理论和生态城市动力机制模型理论，并运用此理论对太原市生态城市建设进行了深入的分析研究，并提出具体的对策与建议。

(4) 定量分析与定性分析相结合。本书在定性分析的同时，也进行了定量分析。定量分析主要采取图、表等方式，以提高分析的准确性、科学性；定性分析可以使评价更加全面、系统。两者相结合，可能得出更为客观、准确的评价结果。

(5) 问卷调查法。选择不同层次、不同类型的城市，深入地进行生态政治、生态经济、生态社会、生态文化、生态环境等情况的调研，发放调查问卷，通过对不同年龄、学历、职业等居民的调查，对太原市的情况有较为全面的了解。

1.3.2 主要内容

本书以系统学理论为指导，结合国内外生态城市建设实践及可持续发展建设实践，同时参考和借鉴国内外从不同角度对生态城市及可持续发展相关领域的研究成果，综合运用系统学理论、城市生态学理论、生态经济学理论、可持续发展理论等，从多个角度对生态城市进行了较为系统的分析研究，并对太原市生态城市建设进行实证分析。本书分为理论篇与实践篇两部分，共 9 章：

理论篇：

第 1 章：序论。21 世纪是城市化的世界，可持续发展已经成为人类共同的价值观和追求，以生态绿色革命为导向的全球生态化运动正在兴起，特别是党的十七大报告提出的科学发展观将在未来很长时间内指导我国的社会主义建设，再加上传统城市建设模式导致越来越多的社会、经济问题的出现，生态城市成为全球城市可持续发展的理想模式，成为未来城市发展的方向，基于此背景，展开本研究，并提出研究目的及研究意义。

第 2 章：生态城市理论研究与实践综述。从理论和实践两方面，以国内、国外两方面的角度对生态城市理论研究进展与实践现状进行了综合分析和系统论述，找到了理论与实践方面存在的不足与问题，为本书的突破作了准备。

第 3 章：生态城市思想渊源及理论基础。分别从国内与国外探究了生态城市思想渊源，并对作为生态城市理论基础的生态经济学、循环经济理论、可持续发展理论进行概述，分别阐述对生态城市建设的指导作用，为生态城市新架构作了理论铺垫。

第 4 章：生态城市架构及理论模型。在对已有的生态城市概念、内涵进行综合分析比较的基础上提出生态城市的新概念及内涵；在分析生态城市构成和运行规律的基础上提出包括生态经济、生态政治、生态社会、生态文化、生态环境在内的“五位一体”的生态城市系统模型，并提出具体的创建标准。

第 5 章：生态城市建设的动力机制。在总结新中国成立 60 多年来我国城市建设的动力基础上，提出生态城市建设的“以城市主体实现其共同利益为内在动力，以政府政策力、资源约束力、科技支撑力、成果吸引力、文明驱动力为外在动力”的动力机制模型。

第 6 章：生态城市评价体系的构建。在分析构建新的生态城市评价体系的必要性基础上，提出构建生态城市的五条原则，并根据“五位一体”生态城市系统理论，构建了生态城市指标体系，建立了生态城市多层次模糊综合评价模型。

实证篇：

第 7 章：太原市城市建设道路的选择——生态城市建设。在对太原市介绍及其生态城市建设现状分析的基础上，运用生态足迹理论和生态承载力理论对太原市生态、资源、环境进行深入的分析，指出太原市生态严重赤字，生态承载力难以满足生态需求。对太原市生态氛围进行调查发现，形势不太乐观。传统城市建设模式难以为继，必须走生态城市建设的道路。

第 8 章：太原市生态城市建设的现状分析。运用生态城市建设的动力机制模型，对太原市进行实证分析，运用生态城市多层次模糊综合评价模型，对太原市 2002 年、2005 年、2007 年生态城市建设进行评价分析，以及太原市与山西省10 个城市的评价分析；在此基础上，进一步对太原市生态城市建设的差距和不足加以分析，并提出太原市生态城市建设的重点。

第 9 章：太原市生态城市建设的对策与建议。根据以上分析，提出了太原市生态城市建设的近期和远期目标，并对顺利地实现建设目标提出了具体的对策与建议，太原市必须从构建五大体系着手，即必须构建高效的生态经济、民主的生态政治、和谐的生态社会、健康的生态环境、创新的生态文化等五大体系。

本书对生态城市理论与实践的研究是建立在国内外生态城市研究基础之上的，鉴于本人对生态城市的理解有限和研究水平的限制，再加上生态城市在我国目前还是一个“新鲜事物”，是一个庞大的系统工程，本书提出的生态城市理论仍需要进一步深化，例如：建设内容在不同阶段有不同的侧重，建设动力在不同时期有所不同，系统框架仍有待于进一步细化、评价体系有待于进一步完善等。

第2章 生态城市理论研究与实践综述

2.1 国内外生态城市理论研究现状

2.1.1 国外生态城市理论研究现状

生态城市理论是随着城市生态学理论的发展而产生并发展的。大体来说，国外生态城市的形成和发展主要经历了以下三个阶段。

(1) 萌芽阶段。20世纪以前。早在古希腊和古埃及时期，城市的建设就主张从城市的环境因素来考虑其选址、形态和布局。至16世纪欧洲文艺复兴时期，人文主义的先驱英国人托马斯·摩尔设想的理想城市“乌托邦”；17世纪初，意大利思想家康柏内拉提出的“太阳城”模式；1898年，英国人霍华德建立的“田园城市”等都反映出建设者追求人与自然和谐的朴素的生态学思想，对现代城市生态和城市规划思想起到了重要的启蒙作用。其中，霍华德建立的“田园城市”理论被认为是现代生态城市思想的起源。

(2) 形成阶段。大约在20世纪80年代以前。20世纪初，国外一批学者将生态学思想运用到城市问题开始的城市生态学研究，奠定了生态城市理论研究的基础。1945年，芝加哥人类生态学派以城市为研究对象，倡导创建了城市生态学。1952年，该学派创始人R. E. Park出版的《城市与人类生态学》一书运用生物群落的观点研究城市环境，进一步完善了城市与人类生态学研究的思想体系。1971年，联合国教科文组织制定的“人与生物圈”(MAB) 研究计划开展了城市与人类生态的研究课题，1975年，该研究计划出版了《城市生态学》杂志 (Urban Ecology)。同年，R. Registe和他的几个朋友成立了城市生态组织，出版了一本新的生态城市刊物《城市生态学家》(Urban Ecolo-

gist)，该组织在伯克利参与了一系列的生态建设活动，产生了国际性影响。1977 年，B. J. L. Berry 发表了《当代城市生态学》，奠定了城市因子生态学的研究基础，到 20 世纪 70 年代，生态城市学理论的框架已基本形成。参阅专栏 2-1。

专栏 2-1 《寂静的春天》唤起了人类对生态环境问题的觉醒

作为一位被选出来的政府官员，给《寂静的春天》一书作序有一种自卑的感觉，因为它是一座丰碑，它为思想的力量比政治家的力量更强大提供了无可辩驳的证据。1962 年，当《寂静的春天》第一次出版时，公众政策中还没有"环境"这一款项。在一些城市，尤其是洛杉矶，烟雾已经成为一些事件的起因，虽然表面上看起来还没有对公众的健康构成太大的威胁。资源保护——环境主义的前身——在 1960 年民主党和共和党两党的辩论中就涉及了，但只是目前才在有关国家的公园和自然资源的法律条文中大量出现。过去，除了在一些很难看到的科技期刊中，事实上没有关于 DDT 及其他杀虫剂和化学药品的正在增长的、看不见的危险性的讨论。《寂静的春天》犹如旷野中的一声呐喊，用它深切的感受、全面的研究和雄辩的论点改变了历史的进程。如果没有这本书，环境运动也许会被延误很长时间，或者现在还没有开始。

本书的作者是一位研究鱼类和野生资源的海洋生物学家，所以，你也就不必为本书和它的作者受到从环境污染中获利的人的抵制而感到吃惊。大多数化工公司企图禁止《寂静的春天》一书的发行。当它的片段在《纽约人》中出现时，马上有一群人指责书的作者卡逊是歇斯底里的、极端的。即使现在，当向那些以环境为代价获取经济利益的人问起此类问题时，你依然能够听见这种谩骂（在 1992 年的竞选中我被贴上了"臭氧人"的标签，当然，起这个名字不是为了赞扬，而我，则把它作为荣誉的象征，我晓得提出这些问题永远会激发凶猛的——有时是愚蠢的——反抗）。当这本书开始广为传颂时，反抗的力量曾是很可怕的。

对蕾切尔·卡逊的攻击绝对比得上当年出版《物种起源》时对达尔文的攻击。况且，卡逊是一位妇女，很多冷嘲热讽直接指向了她的性别，把她称作"歇斯底里的"。《时代》杂志甚至还指责她"煽情"。她被当作"大自然的女祭司"而摒弃了，她作为科学家的荣誉也被攻击，而对手们资助了那些预料会否定她的研究工作的宣传品。那完全是一场激烈的、有财政保障的反击战，不是对一位政治候选人，而是针对一本书和它的作者。

卡逊在论战中具有两个决定性的力量：尊重事实和非凡的个人勇气。她反复地推敲过《寂静的春天》中的每一段话。现实已经证明，她的警言是言简意赅的。她的勇气、她的远见卓识，已经远远超过了她要动摇那些牢固的、获利颇丰的产业的意愿。当写作《寂静的春天》的时候，她强忍着切除乳房的痛苦，同时还接受着放射治疗。书出版两年后，她逝世于乳腺癌。具有讽刺意味的是，新的研究有力地证明了这一疾病与有毒化学品的暴露有着必然的联系。从某种意义上说，卡逊确确实实是在为她的生命而写作。

在她的著作中，她还反对科学革命早期遗留下来的陈腐观念。人（当然是指人类中的男性）是万物的中心和主宰者，科学史就是男人的统治史——最终，达到了一个近乎绝对的状态。当一位妇女敢于向传统挑战的时候，它的杰出护卫者之一罗伯特·怀特·史帝文斯语气傲慢、离奇，有如地球扁平理论那样地回答说："争论的关键主要在于卡逊坚持自然的平衡是人类生存的主要力量。然而，当代化学家、生物学家和科学家坚信人类正稳稳地控制着大自然。"

正是今日眼光所看出的这种世界观的荒谬性，表明了许多年前卡逊的观点多么具有革命性。来自获利的企业集团的谴责是可以估计到的，但是甚至美国医学协会也站在了化工公司一边。而且，发现DDT的杀虫性的人还获得了诺贝尔奖。

但《寂静的春天》不可能被窒息。虽然它提出的问题不能马上解决，但这本书本身受到了人民大众的热烈欢迎和广泛支持。顺便提及一下，卡逊已经靠以前的两本畅销书得到了经济上的自立和公众的信誉，它们是《我们周围的海》和《海的边缘》。如果《寂静的春天》早十年出版，它定会很寂静，在这十年中，美国人对环境问题有了心理准备，听说或注意到过书中提到的信息。从某种意义上说，这位妇女是与这场运动一起到来的。

最后，政府和民众都卷入了这场运动——不仅仅是看过这本书的人，还包括看过报纸和电视的人。当《寂静的春天》一书的销售量超过了50万册时，CBS为它制作了一个长达一小时的节目，甚至当两大出资人停止赞助后电视网还继续广播宣传。肯尼迪总统曾在国会上讨论了这本书，并指定了一个专门调查小组调查它的观点。这个专门调查小组的调查结果是对一些企业

> 和官僚的熟视无睹的起诉，卡逊的关于杀虫剂潜在危险的警告被确认。不久以后，国会开始重视起来，成立了第一个农业环境组织。
>
> 《寂静的春天》播下了新行动主义的种子，并且已经深深植根于广大的人民群众中。1964年春天，蕾切尔·卡逊逝世后，一切都很清楚了，她的声音永远不会寂静。她惊醒的不但是我们国家，甚至是整个世界。《寂静的春天》的出版应该恰当地被看成是现代环境运动的肇始。
>
> 无疑，《寂静的春天》的影响可以与《汤姆叔叔的小屋》相媲美。两本珍贵的书改变了我们的社会。
>
> ——美国前副总统 阿尔·戈尔《寂静的春天·前言》

（3）发展阶段。大约从20世纪80年代到现在。随着城市生态学的迅猛发展，生态城市的概念和理论研究随之高涨。80年代以来，众多学者分别从不同角度研究生态城市的建设原则、内涵、主要特征、具体目标、指标体系及规划思路和步骤等。

在生态城市的建立原则方面，在1984年，“人与生物圈”（MAB）计划组织提出生态城市规划的五项原则：生态保护战略；生态基础设施；居民的生活标准；文化历史的保护；将自然融入城市。这些原则从整体上概括了生态城市规划的主要内容，成为后来生态城市理论发展的基础。

R. Register在继1984年提出的生态城市规划四项原则和1987年提出的创建生态城市的八项原则后，1990年其领导的“城市生态”组织提出了更加完整地建立生态城市的十项原则。这些原则从最初简单地包括土地、交通和物种多样性，发展到涉及社会公平、法律、经济、生活方式和公众意识等更加丰富的原则，具有极强的操作性，更强调对实践的直接指导。1997年，澳大利亚城市生态协会针对城市问题的不可持续特征，也提出了生态城市的发展原则。

第二届和第三届生态城市国际会议都通过的国际生态重建计划（The International Ecological Rebuilding Program），提出了指导各国建设生态城市的具体行动计划，集中体现了以上各种生态城市理念的共同点，得到各国生态城市建设者们的一致赞成。该计划主要内容包括：①重构城市，停止城市的无序蔓延；②改造传统的村庄、小城市和农村地区；③修复自然环境和具有生产能力的生产系统；④根据能源保护和回收垃圾的要求来设计城市；⑤建立步行、自行车和公共交通为导向的交通体系；⑥停止对小汽车交通的各种补贴政策；⑦为生态重建努力提供强大的经济鼓励措施；⑧为生态开发建立各种层次的政府管理机构。

在生态城市的规划设计方面，1987 年，Yanitsky 阐述了生态城市的设计与实施阶段，将生态城市的实施分为基础研究、应用研究、城市设计、建设过程和形成城市有机组织等五个阶段。1993 年，T. Dominsk 提出了关于生态城市的演进的三步走模式，即减少物质消费量（Reduce）、重新利用（Reuse）、循环回收（Recycle）。同期，加利福尼亚 Ventur 的城市规划师 Joseph Smyth 提出了生态城市建设的八项规划设计原则；William McDonough 在德国汉诺威 2000 世界博览会上提出了九条设计原则；澳大利亚的规划设计师 David Engwich 提出了十条重建生态城市的方针；建筑师 Paul. Downton、社会活动家 Cherie. Hoyl 和澳大利亚生态城市学会成员提出了“生态圈设计原则”。这些原则进一步丰富了生态城市的设计思想。2002 年，Register 在其著作《Ecocities Building Cities in Balance with Nature》中综述了生态城市近 30 年来的理论和建设实践，介绍和总结了世界各国生态城市建设的各种理念、模式以及设计和建设的具体案例，提出了城市、城市和乡村建设的全新方法。参阅表 2-1、专栏 2-2。

表 2-1 国际生态城市学术研讨会情况

届　别	时　间	地　点	主要内容
第一届	1990 年	美国·伯克利城	12 个国家代表介绍了生态城市建设的理论与实践，包括伯克利生态城计划、旧金山绿色城计划、丹麦生态村计划等，内容涉及城市社会、经济和自然系统的各个方面，并草拟了今后生态城市建设的十条计划
第二届	1992 年	澳大利亚·阿德雷德	大会就生态城市设计原理、方法、技术和政策进行了深入的探讨，并提供了大量的研究案例
第三届	1996 年	非洲·塞内加尔	探讨了“国际生态重建计划”
第四届	2000 年	巴西·库里蒂巴	进一步交流了生态城市规划建设研究的实例
第五届	2002 年	中国·深圳	明确地提出了 21 世纪城市发展的目标、生态城市的建设原则、评价与管理思想方法

专栏 2-2 生态城市建设的深圳宣言

世纪之初，我们所生活的城市必须实现人与自然的和谐共处。生态城市是指生态健康的城市。

第五届国际生态城市大会在中国深圳举行期间，与会代表一致呼吁把生态整合方法和原则应用于城市规划和管理。建设以适宜于人类生活的生态城市首先必须运用生态学原理，全面系统地理解城市环境、经济、政治、社会和文化间复杂的相互作用关系，运用生态工程技术设计城市、乡镇和村庄，以促进居民身心健康、提高生活质量、保护其赖以生存的生态系统。这就迫切需要开展翔实的城市生态规划和管理，促使有关的受益者集团参加规划和管理过程。生态城市旨在采用整体论的系统方法，促进综合性的行政管理，建设一类高效的生态产业、人们的需求和愿望得到满足、和谐的生态文化和功能整合的生态景观，实现自然、农业和人居环境的有机结合。

建设生态城市包含以下五个层面：

生态安全：向所有的居民提供洁净的空气、安全可靠的水、食物、住房和就业机会，以及市政服务设施和减灾防灾措施的保障。

生态卫生：通过高效率低成本的生态工程手段，对粪便、污水和垃圾进行处理和再生利用。

生态产业代谢：促进产业的生态转型，强化资源的再利用、产品的生命周期设计、可更新能源的开发、生态高效的运输，在保护资源和环境的同时，满足居民的生活需求。

生态景观的整合：通过对人工环境、开放空间（如公园、广场）、街道桥梁等连接点和自然要素（水路和城市轮廓线）的整合，在节约能源、资源，减少交通事故和空气污染的前提下，为所有的居民提供便利的城市交通。同时，防止水环境恶化，减少热岛效应和对全球环境恶化的影响。

生态意识培养：帮助人们认识其在与自然关系中所处的位置和应负的环境责任，尊重地方文化，诱导人们的消费行为，改变传统的消费方式，增强自我调节的能力，以维持城市生态系统的高质量运行。为推动城市生态建设必须采取以下行动：

（1）通过合理的生态手段，为城市人口，特别是贫困人口提供安全的人居环境、安全的水源和有保障的土地使用权，以改善居民生活质量和保障人体健康。

（2）城市规划应以人而不是以车为本。扭转城市土地“摊大饼”式蔓延的趋势。通过区域城乡生态规划等各种有效措施使耕地流失最小化。

(3) 确定生态敏感地区和区域生命支持系统的承载能力，并明确应开展生态恢复的自然和农业地区。

(4) 在城市设计中大力倡导节能、使用可更新能源、提高资源利用效率，以及物质的循环再生。

(5) 将城市建成以安全步行和非机动交通为主的，并具有高效，便捷和低成本的公共交通体系的生态城市。中止对汽车的补贴，增加对汽车燃料使用和私人汽车的税收，并将其收入用于生态城市建设项目和公共交通。

(6) 为企业的生态城市建设项目提供强有力的经济激励手段。向排放温室气体的行为和违背生态城市建设原则的活动征税；制定和强化有关优惠政策，以鼓励对生态城市建设的投资。

(7) 为优化环境和生态恢复制定切实可行的教育和再培训计划，加强生态城市的能力建设，开发生态适用型的地方性技术，鼓励社区群众积极参与生态城市设计、管理和生态恢复工作，增强生态意识。扶持社区生态城市建设的示范项目。

(8) 在国家、省、市各级政府中设置生态城市建设和管理的专门机构，制定和实施生态城市建设的相关政策。该机构负责政府各部门间（如交通、能源、水和土地管理部门等）管理职能的协调和监控，推动相关项目和计划的实施。

(9) 倡导和推进国际、城市间和社区间的合作，加强生态城市建设领域正反两方面经验的交流以及资源的相互支持，和促进在发展中国家以及发达国家开展生态城市建设实践。

注：本宣言于2002年8月23日在中国深圳举办的第五届国际生态城市大会上讨论通过。

2.1.2 国内生态城市理论研究现状

国内关于城市生态的研究正式起步于20世纪70年代。1972年，中国参加了MAB计划的国际协调理事会并当选为理事国；1978年，建立了中国MAB研究委员会；1979年，成立了中国生态学会；1984年，“首届全国生态科学研讨会”在上海举行，会议的中心议题是探讨城市生态学研究的目的、任务、对象和方法等基础理论问题，会上成立了“中国生态学会城市生态学专业委员会”，是我国第一个以城市生态研究为主要目的的组织，它标志着中国城市生态研究工作的开始。1987 年 10 月，在北京召开了“城市及城郊生态研究及其在城市规划、发展中的应用”国际学术讨论会，标志着我国城市生态学研究进入了蓬勃发展时期。1988 年，我国第一本关于城市生态与环境的专业刊物《城市环境与城市生态》创刊。1986 年 6 月及 1997 年 12 月，在天津和深圳分别举行了两次全国城市生态研讨会，讨论了如何加强城市生态理论研究及其在城市规划、建设管理中的实际应用以及城市生态系统和生态影响、分析及评价等问题。1999 年，昆明全国城市生态学术讨论会上，总结了近年来我国城市生态理论和应用研究的进展，提出了城市复合生态系统的研究框架。

此外，国内的一些学者对生态城市理论和实践进行了许多积极的探讨，从生态学角度相继提出了中国城市的构想。

1984 年，我国著名的生态环境学家马世骏教授结合中国实际，提出以人类与环境关系为主导的社会—经济—自然复合生态系统理论，20 多年来已渗透到各种规划和决策程序中，为城市生态环境问题的研究奠定了理论和方法基础。

1988 年，王如松撰写了《高效和谐——城市生态调控原则与方法》一书，提出城市生态系统的自然、社会、经济结构与生产、生活、还原的结构体系，用生态系统优化原理、控制论方法和泛目标规划方法研究城市生态。从自然生态系统到城市复合生态系统的提出，标志着城市生态学理论的新突破，也是生态学发展史上的一次新综合，为城市生态环境问题的研究奠定了理论和方法基础。

1996 年，王如松和欧阳志云提出了“天城合一”的中国生态城市思想以及生态城市建设的控制论原理和原则，从城市生态系统运行的角度，并结合中国天人合一的哲学思想，对生态城市的建设原则和管理规划方法进行了全面的研究。认为生态城市的建设要满足以下原则：①人类生态学的满意原则；②经济生态学的高效原则；③自然生态学的和谐原则。

1999 年，梁鹤年在“城市理想与理想城市”一文中提出：生态主义的城市理想原则是生态完整性和人与自然的生态连接，而中心思想则是“可持续发展”。提出城市规划要考虑城市的密度，如果城市形态是紧凑的，那么，城市化需要围绕自然生态的完整性来进行；如果城市纹络是稀松的，城市化就可以按城市系统和自然系统各自的需要来进行规划。

2001 年，翟丽英和刘建军认为：生态城市规划要实现城市与自然环境的协调和配合，把握城市合理规模与环境质量的集聚度，重构再生循环利用的产业结构；利用自然地域空间的城市形态，加强园林绿地系统规划力度，积极推广“绿色运动”，建立市区与郊区复合生态系统等。

2002年，黄光宇、陈勇合著的《生态城市理论与规划设计方法》是一部全面阐述有关生态城市理论和规划设计方法的专著。

2004年，杨志峰等人出版了《城市生态可持续发展规划》一书，着重强调了遥感与GIS及信息集成技术在生态规划方面的应用，以广州生态城市规划实例进行了规划理论和实践的研究，对于国内生态城市规划具有重要的借鉴作用。

2.1.3 生态城市理论研究述评

国外对生态城市理论的研究是从实用性和可操作性出发，他们设计的理念和思路比较具体而单一，针对性强，能够紧密地结合国外社会的实际问题，例如：雷吉斯特先生在伯克利建设生态城市的研究中，针对城市“汽车—城市蔓延—高速公路—石油供给系统复合体”的畸形生产模式和生活模式而在规划、建筑、政策以及市民行为上提出具体的意见。总的来看，国外生态城市理论研究的特点：一是与实践的联系较紧密，能够很好地解决生态城市建设中的许多问题；二是理论研究目的单一，往往就是针对现实中的一个或几个问题展开研究，针对性很强。

综观国内学者对生态城市的研究，大都局限于传统价值观上的传统科学研究范式，并且偏重于城市局部或某一问题的微观层次研究，缺乏从宏观综合的角度进行系统研究和整体把握，而且内涵和外延也比较模糊，多停留在表面的描述，缺乏深入的剖析，造成人们认为生态城市就等同于花园城市、环境优美的城市的现象。这说明生态城市的理论亟须在深度和广度上进行深入的研究。

因此，在生态城市建设的实践过程中，生态城市理论研究承担着巨大的责任，必须在以下诸方面进一步加强和深入研究：研究内容方面，不能只停留在环境、生态表层，要从社会、政治、文化、经济、环境等多方面进行综合、深入、系统的研究，应该加强城市规划学、生态学、社会学、经济学、园林学、环境学、哲学、美学、伦理学等相关学科在生态城市研究、实践中的融合和交叉运用；在研究范围方面，应当从对单个城市的研究转向城乡一体化研究、都市区综合研究；在评价体系方面，应当设计不同的指标体系用于评估和指导不同地区、不同层次的生态城市实践，体现生态城市的地域性和多样性；在研究方法方面，应该加强对生态城市理论、技术方法的多学科综合研究，同时注重理论研究和实践应用相结合，把历史、现实和未来结合起来，使生态城市的研究更富有生命力。

2.2 国内外生态城市实践综述

2.2.1 国外生态城市实践现状

从 20 世纪 70 年代生态城市的概念提出以来，世界各国对生态城市的理论进行了不断地探索和实践。目前，美国、巴西、英国、澳大利亚、新西兰、芬兰等国已经成功地进行了生态城市建设。这些城市从土地的利用模式、交通运输模式、社区管理模式、城市空间绿化等方面，为其他国家的生态城市建设提供了范例。

1. 美国克利夫兰生态城市建设

克利夫兰是俄亥俄州最大的工业城市和湖港，位于伊利湖南岸，凯霍加河口，面积为 196.8km^2。克利夫兰是大湖区和大西洋沿岸间的货物转运中心，钢铁工业为首要部门。市内绿地众多，公园面积约 7500km^2，占市区面积的 1/3 以上，有“森林城市”之称。

工业革命的发展，使得克里夫兰也像其他城市一样处于交通拥挤、住房紧张、环境恶化等问题之中。为了把克利夫兰建设成为一个大湖沿岸的绿色城市，为市民创造一个良好的居住环境，市政府制定了明确的生态城市议程（见表 2-2），包括空气质量、能源、土地利用、绿色建筑、绿色空间、基础设施、政府领导、邻里社区、公共健康、交通选择等一系列的具体目标和指导原则，还成立了专项的基金会，启动生态城市建设基金，用于宣传、信息服务、职业培训、科学研究与推广，确保生态城市建设的顺利进行。从改变交通状况入手，颁布了市民出行交通计划，主要内容是鼓励非机动车出行，为自行车、行人开辟专门道路，设计建造公交导向型交通体系，力图以公共交通的发展限制私人汽车的使用，并且倡导合伙使用汽车计划，建立公共数据库以满足各种出行者用车的要求，这项计划对于解决城市交通拥挤和环境污染有重要意义；提倡建立有居住、商业、工作场所和开敞空间等多种功能的紧凑社区，使人们就近出行、工作和享用各种服务；强调对各种有限自然资源的有效使用，鼓励居民采用环保方式持续建造或装修房屋，建造有益于环境保护的新型住宅，采用诸如太阳能电池板、洗澡用水的循环使用处理装置、三层玻璃窗户和隔离层、有利于环境保护的无污染涂料等技术。

表 2-2 克利夫兰的生态城市议程

Tab. 2-2 The order of Cleveland eco-city

议　题	政策措施
空气质量	政府应公正执行法令，削减车辆污染排放及大量空气污染源，基于环境公平性，城市应该着手降低低收入户及少数居民地区不平衡对环境的影响
气候变化、多元化	与其他城市共同削减温室气体排放量，使城市特色更加多元化
能　源	克利夫兰公有电力公司推动太阳能利用，并积极替顾客节省能源；推动地区风力发电及燃料能等小规模电力的利用
绿色建筑	采取绿色建筑法规以提升建筑品质，包括消耗最少的能源，产生最少的废物，提供健康的户外环境，提供学校经费辅助，鼓励学校进行学校建筑或整修时运用绿色建筑技术
绿色空间	建设绿色道路和公园，保护自然区域
公共建设	建立一个好的管理系统去保护及维护公共工程建设
社区特色	使高密度社区环境适宜，使居民感到舒适
居民健康	公共卫生部门应提升解决困难问题的能力，包括儿童哮喘、中毒处理及空气污染等同题
可持续发展	政府应与民间企业、学校及非营利团体合作促进各种问题，包括民众节能、降低废物产生及污染防治等问题
运输方式选择	与其他单位合资交通运输计划，社区的交通规划应鼓励自行车和步行，街道规划应减少出行量和能源消耗
水　质	利用立法及地方执行水质改善计划；提高污水下水管道的接管率
滨水区	湖边、溪边等滨水区能提供民众亲水空间

“精明增长”是克利夫兰生态城市建设的特色之一。“精明增长”的核心是：用足城市存量空间，减少盲目扩张；加强对现有社区的重建，重新开发废弃、污染工业用地，来节约基础设施和公共服务成本，保护空地；城市建设相对集中，密集组团，生活和就业单元尽量混合，拉近距离，少用汽车，步行上

班，步行上学，提供多样化的交通选择方式；优先发展公共交通，鼓励自行车、步行；住房上给居民更多的选择，在不同社区，提供不同类型、价格的房屋，满足低收入阶层的需要，保证各阶层混居；提倡节能建筑，减少基础设施、房屋的建设和使用成本。

提出“区域主义”思想是克利夫兰生态城市的特色之二。所谓“区域主义”是指政府必须在复杂的区域环境中进行协调工作，城市面临的许多重大失误必须在区域的层面与众多参与者协调。这是因为城市总是在一定的区域范围内，因此城市的规划和发展必须与大范围的区域规划乃至全国规划相协调。克利夫兰整体规划是建设一个大湖沿岸的绿色城市，这必然要求它的生态建设与其邻近的城市、周围水域的生态建设保持一致。

2. 巴西库里蒂巴生态城市建设

位于巴西南部的库里蒂巴市是巴西的生态之都，是巴西生态城市建设的典范。库里蒂巴市是巴西城市化进程中发展最快的城市之一，其城市人口从 1950 年的 30 万人增加到 1990 年的 210 万人，面对着快速的城市化过程中出现的一系列城市问题，库里蒂巴市提出了实施生态城市建设计划，经过 20 多年的发展，取得了环境污染减少、犯罪率降低和受教育水平提高等一系列成绩，被认为是世界上最接近生态城市的城市。该市在其生态城市建设中主要采取了如下措施：第一，大力发展社会公益活动。库里蒂巴市开展了几百个社会公益项目，较为著名的是环境项目——1988 年实行的口号为“垃圾不是废物”的垃圾回收项目，垃圾的循环回收在城市达到 95％。回收材料售给当地的工业部门，所获利润用于其他的社会福利项目，同时垃圾回收利用公司为无家可归者和酗酒者提供了就业机会；第二，公交优先计划。库里蒂巴市建立了方便快速的公交系统，并把自行车道和步行区作为城市整体道路网络和公共交通系统的有机组成部分，使居民在居住区、工作区和购物区之间的来往达到经济、快捷，也使城市空气质量得到了良好的保证；第三，鼓励市民参与。市政府鼓励企业、组织和个人参与公益活动，并建立起相应的机制和激励措施；第四，注重市民的环境教育。库里蒂巴市十分注重环境教育和培养其环境责任感，儿童在学校受到与环境有关的教育，而一般市民则在环境大学免费接受与环境有关的教育。

3. 丹麦哥本哈根生态城市建设

丹麦哥本哈根生态城市是一个内容十分丰富的综合性生态城市建设项目，

试图在城市密集区内建设可持续发展的生态示范区，为丹麦和欧盟的生态城市建设取得经验。

在项目建设初期，制定了一系列实施办法及环境目标，主要包括：试验区内水资源的消费量减少10%；电能消费量减少10%；回收家庭垃圾，减少城区垃圾生产；通过建立60个堆肥容器，回收10%的有机垃圾制作堆肥；回收40%的建筑材料。

在生态城市建设过程中，哥本哈根实施了一系列具有特色的措施：第一，建立绿色账户，用来记录城市、学校或是家庭日常活动的资源消费，用来比较不同城区的资源消费结构，确定主要的资源消费量，为有效削减资源消费和资源循环利用提供依据；第二，设立生态市场交易日，这是一种旨在改善地方环境的活动，每个星期六，商贩们携带生态产品在城区的中心广场进行交易。通过生态交易日，一方面鼓励了生态食品的生产和销售，另一方面也让公众们了解到生态城市项目的其他内容；第三，吸引学生参与，是发动社区成员参与的一部分。丹麦生态城市项目十分注重吸引学生参与，其绿色账户和分配资源的生态参数和环境参数试验对象都选择了学校，在学生课程中加入生态课，甚至一些学校的所有课程设计都围绕生态城市主题，通过对学生和学生家长进行与项目实施有关的培训，动员全体市民参与生态城市建设。参阅专栏2-3。

专栏2-3　德国不来梅案例：汽车共享

在不来梅案例馆的共享俱乐部展区，我们可以看到：4个高矮不一的木柱，上面刻着一连串奇特的数据——1∶23、1∶6、160∶1000、6400∶40000……这些数据不动声色地为“有车一族”算了一笔账：德国家庭每辆私家车每天用不到1个小时，剩余的23个小时都处于“睡觉状态”。而在汽车共享俱乐部，一辆汽车可取代6辆私家车，那么在不来梅的160辆汽车可以代替近1000辆私家车。按照如此推算，在上海，6400辆共享俱乐部的汽车则可以取代4万多辆私家车。

在德国的不来梅市，“无车一族”只需交30欧元的注册费以及每月10欧元的服务费，就能从遍布城市的大小停车点开走不同车型的汽车，而这一切仅仅依靠一张实名认证的智能卡就能自助完成。这个被称作“汽车共享”的概念，至今已经运作了近20年。有意思的是，这个共享理念最初只是几个市民自发组成的俱乐部提出的，大家合买一辆车，共同使用，也共同承担费用。直到1995年，在政府的帮助下，不来梅的一家汽车租赁公司推出了“汽车共享俱乐部”，正式尝试商业化运作。如今他们在不来梅已经拥有 5800 名汽车共享会员，42 个 24 小时汽车停靠站，160 辆共享汽车，至少减少了近 1000 辆私家车的增长。

人们从此不再需要购买自己的私家车，只需通过一张智能卡就能享受这套完整的服务体系。用车时先打电话或上网预订，一旦预订成功，俱乐部会有专人把清洁好的汽车开到你所指定的站点，届时你只需凭智能卡取车便可。至于费用清算，俱乐部会根据你开过的里程数和租车时间，每个月从会员账户中扣除相应的费用。油费算入租金中，保险费用也由俱乐部向保险公司缴纳。如果在晚上 11 时至早晨 7 时这段时间使用共享汽车，还能享受租金优惠。

政府为了推行这种交通出行方式，还特地为共享汽车设立专门停车位，让需求者不用担心找不到停车位。另外，为了鼓励人们多多使用公共交通出行，许多共享汽车停靠站直接设在轨道交通站或公交车站旁。通过汽车共享，即便越来越多的人选择单独开车出行，汽车数量也不会因此而显著增加，城市交通、环境、空间也会得到不同程度的减压。

资料来源： http://news.sina.com.cn/expo2010/news/roll/2010-10-19/084821304719.shtml.

2.2.2　国内生态城市实践进展

受国外生态城市建设的影响，我国在生态城市理论发展的同时，也进行了生态城市建设的探索（见表 2-3）。

表 2-3　我国提出拟建生态城市的城市名录

省（区、市）	城　　市
安徽省	合肥、黄山、马鞍山、淮北
福建省	福州、厦门、泉州、三明、漳州、莆田、南平、宁德、龙岩
甘肃省	兰州
广东省	广州、惠州、佛山、中山、深圳、汕头、江门、肇庆、茂名、珠海、开平
广西区	南宁、桂林、北海、梧州、崇左、柳州
贵州省	贵阳

续 表

省（区、市）	城 市
海南省	海口、三亚、儋州
河北省	承德、秦皇岛、唐山、北戴河
河南省	郑州、焦作、洛阳、信阳、南阳、濮阳、开封、安阳、平顶山
黑龙江	哈尔滨、伊春、大庆、佳木斯
湖北省	武汉、十堰、襄樊、黄石
湖南省	长沙、衡阳、郴州、娄底、岳阳、张家界、耒阳、株洲、湘潭
吉林省	长春、吉林
江苏省	南京、连云港、徐州、泰州、苏州、常熟、大丰、镇江、张家港、宿迁、常州、无锡、扬州、昆山、南通、吴江、江阴、江都、淮安
江西省	南昌、宜春、抚州、新余
辽宁省	沈阳、营口、大连、本溪、阜新、盘锦
内蒙古	包头、锡林浩特、扎兰屯、呼伦贝尔
山东省	济南、台儿庄、莱州、日照、威海、烟台、青岛、潍坊、菏泽、济宁、聊城、滨州、城阳、东营、胶州
山西省	长治、忻州、太原
陕西省	西安、宝鸡、铜川、咸阳
四川省	成都、乐山、自贡、都江堰、雅安、江油、绵阳
特别行政区	香港、澳门
新疆	库尔勒、石河子
云南省	昆明、大理、丽江、玉溪、思茅、景洪
浙江省	杭州、金华、丽水、温州、临安、宁波、余姚、绍兴、海宁、黄岩、衢州、湖州、嘉兴、舟山、温岭
直辖市	北京、天津、上海、重庆

注：以上所列拟建生态城市以人民日报、人大复印资料、中国期刊网上所刊载的，进行生态城市构建理论探讨的城市为准，这些城市包括县级市、地级市、副省级市以及直辖市。截至 2005 年 12 月，我国拟建生态城市共有 158 座。

资料来源：程伟．我国生态城市构建及其影响因素的初步分析［D］．上海：华东师范大学硕士学位论文，2006.

1986 年，江西省宜春市在全国范围内首先提出了建设生态城市的发展目标，并于 1987 年进行了生态城市规划与建设试点工作，可以说迈出了我国生态城市建设的第一步。

1987 年，黄光宇等学者结合乐山市城市总体规划进行了乐山生态城市的规划实践。

20 世纪 90 年代初，我国公布了《全国生态环境建设规划》，规划期为 50 年，要求各地结合实际编制生态环境建设规划。

从 1995 年起，我国开展了生态示范区的试点工作，到 2005 年，共建国家级生态示范区 233 个。

1999 年，上海市委、市政府作出重大决策，提出争取用 15 年左右的时间，将上海初步建成清洁、优美、舒适的生态型城市，至 2020 年，全市森林覆盖率达到 30％以上，绿化覆盖率达到 35％以上，达到国际生态环境优质城市标准。

进入 21 世纪以来，我国的城市建设也纷纷围绕“生态城市”这一主题展开。目前，我国一些条件较好的城市如上海、大连、常熟、北京、广州、深圳、杭州、苏州等市也提出要建设生态城市的设想，海南、吉林、黑龙江、陕西等省提出了建设生态省的奋斗目标，并开展了广泛的国际合作和交流，积极采取步骤加以实施。截至 2005 年，全国已有 12 个省（市、区）开展生态省建设，150 多座城市提出构建生态城市或生态型城市。这反映了我国各城市从政府到市民对生态环境问题的关注及重视，以及对改善城市生活质量的迫切愿望，中国城市建设已迈向生态建设之路。

1. 宜春市生态城市建设

宜春市作为我国第一个生态城市试点，其建设实践对于其他城市建设有一定的借鉴作用。宜春市生态城市规划将城乡人工复合生态系统作为建设研究对象，首先分析了社会、经济、自然系统结构，系统功能（生产、生活、流通、还原）及外部环境，从而掌握系统现状；第二步，确定了一套能概括整个系统且便于分析协调的结构，然后逐项剖析协调；第三步，综合评价，根据评价结果，调整系统结构、功能，再调控，如此循环，直到满意为止。

2. 贵阳市生态城市建设

贵阳位于贵州省中部、云贵高原东斜坡上，属于全国东部平原向西部高原过渡地带，总面积 8034 平方千米，其中城市建成区 98 平方千米。贵阳境内地势起伏较大，山地丘陵占 89.7％，市中心平均海拔为 1000 米左右；喀斯特地貌十分发育，约占 85％；生态环境极为脆弱，由人类活动所造成的“石漠化”

日益扩大，陆生生态系统面临着加速失衡的危险。贵阳生物、矿产、能源和旅游资源都比较丰富，开发潜力很大。矿产资源有30多种且储量大、品位高、矿点集中、交通方便、易于开采。

贵阳的经济发展主要依赖于本地资源的采掘和初级加工，“高资源投入，高污染排放”特征显著。面临着资源逐渐枯竭、循环利用率低、生态环境脆弱的沉重压力。2002年3月，贵阳市委、市政府作出将贵阳市建成全国首个循环经济生态城市的重大决定，同年5月，国家环保总局正式批准贵阳市为循环经济型生态城市建设试点城市。贵阳市建设循环经济生态城市的远期目标是用20年左右的时间实现以循环经济为主导的经济体系，建成生态良好、布局合理、人与自然和谐的循环经济生态城市。

在构建循环经济型生态城市的过程中，贵阳市加强法律法规建设，颁布了我国第一部生态城市建设方面的法规——《贵阳市建设循环经济生态城市条例》(2004年11月)。贵阳市以《贵阳市建设循环经济生态城市条例》促进传统线性经济向循环经济转变，以生态产业为龙头走出一条经济和社会协调发展、节约资源保护环境的新型循环经济发展道路，它所做的探索和实践对我国生态城市的建设，尤其是对资源型生态城市的建设具有重要意义。

3. 中新天津生态城市建设

2007年，由新加坡和天津市共同建设的全球首座生态城市在天津滨海新区动工建设，生态城位于天津滨海新区，距离滨海新区核心区15公里、距离天津中心城区45公里、距离北京150公里，规划面积约30平方公里。完全利用海边盐碱地、废弃盐田、污染的水面。该生态城将借鉴新加坡在水资源利用、环境保护和社会发展等方面的经验，运用生态经济、生态人居、生态文化、和谐社区、科学管理的新理念，构建循环低碳的新型产业体系、安全健康的生态环境体系、优美自然的城市景观体系、方便快捷的绿色交通体系、循环高效的资源能源利用体系，建设一个人与人、人与自然、人与经济相和谐的宜居友好的生态社区，探索一条既能实现经济快速发展，又能兼顾环境与社会和谐的可持续发展之路。

中新天津生态城借鉴新加坡“邻里单元”的理念，优化住房资源配置，混合安排多种不同类别住宅形式，形成多层次、多元化的住房供应体系，全部采用无障碍设计，构成包括生态细胞、生态社区、生态片区3级的“生态社区模式”，居住用地内绿地率不低于40%，政策性住房比例不低于20%。

该项目将结合城市中心构建全方位、多层次、功能完善的公共服务体系，按照均衡布局、分级配置、平等共享的原则，建设社区中心；按照人口规模配建文化教育、医疗保健及其他生活配套设施，保证居民在500米范围内获得各类日常服务。

2.2.3　生态城市实践总结

1. 国外生态城市实践的总结

(1) 有明确的生态城市建设目标。国外生态城市的建设实践，一开始就有着明确的建设目标，并且它们的目标是根据城市的实际情况来制定，可操作性相当强，它们的规划、建设、计划等都是紧紧围绕目标去展开的。

(2) 以先进技术支撑生态城市建设。生态城市建设要求城市发展必须与城市生态平衡相协调，要求自然、社会、经济复合生态系统的和谐，因此必须以先进的科学技术作为后盾。国外的实践中各国都非常重视先进技术的研发与推广，特别是能源高效利用技术、能源替代技术、可持续的水资源技术、污水再利用技术等。

(3) 以政策和资金为保障。从国外生态城市建设中，可以看到在生态城市建设初期，各地政府就制定了总体规划、各种措施，以及设立专门基金提供机构以保证其生态城市建设的顺利进行。

(4) 以土地综合利用和公共交通为重点。国外的生态城市建设，大多强调发展公共交通系统与土地的综合利用。在土地规划和设计中，把工作、居住和其他服务设施结合起来，综合地予以考虑。使人们能够就近入学、工作和享用各种服务设施，缩短人们每天的出行距离，减少能源消耗，并且这种土地利用政策常与城市交通规划结合在一起，有助于形成以公共交通为导向的交通模式，从而解决能源、污染等问题。

(5) 重视公众参与。生态城市的建设是一项巨大的系统工程，内容涉及城市的各个层次和各方各面，公众作为城市的主体，必须积极参与到生态城市的建设中来。这一点各个城市都有所认识，并积极采取了一系列措施，拓宽了广大公众参与生态城市建设的渠道，促进了生态城市的建设。

2. 国内生态城市实践的经验总结

(1) 我国生态城市建设的类型。从我国提出构建生态城市的城市来看，可以简单地划分为三类：一类是资源型城市，在当地丰富的矿产资源如煤炭、石油、铁矿石的基础上发展起来的；一类是旅游型城市，具有较好的旅游资源，而且旅游业成为城市的支柱产业；还有一类是综合型城市，这些城市第三产业已经超过第二产业，城市经济、社会、文化等各方面较为发达，成为区域中心，对整个区域发展具有带动力。

(2) 生态城市建设的模式。从国内城市的生态化建设来看，生态城市大致可分为两类：一类是工业化后的生态改造城市，即在城市工业化已经基本完成的条件下，通过生态化改造和提升工业科技化和信息化，并尽量减少工业化所带来的弊端；另一类是与工业化同步的生态化城市，即在规划时就积极运用生态学的思想，将生态环境意识融入城市的整体建设中去，改善以往生态城市建设的诸多不利方面。

(3) 生态城市的认识上存在误区。对生态城市建设的理解片面化，对其本质要求和丰富内涵没有深刻领会。大部分认为城市环境绿化美化就是生态城市建设，形成以城市的生态环境建设为主，比较强调生态景观的建造，强调对物质空间的建设改造，而忽视生态城市应具有的生态内涵的培育，例如：产业活动的生态化、社会环境的生态化、政治管理的生态化和消费方式的生态化等，却很少得到有力的关注和推进。

(4) 生态城市建设名不副实。生态城市的建设目标通常表述为经济发达、生态环境优美、社会和谐、经济结构合理、自然生态与社会经济高度和谐统一等，可以看出这样的表述，内容空虚，比较抽象、不具体，不利于公众的参与，不利于职能部门主动组织规划建设。反观西方国家对生态城市建设的目标的制定，要更切合实际，更明确清晰，并且目标后面总是有具体的项目支撑和保证这些项目得以实施的政策。

(5) 生态城市建设是一项长期的系统工程。在区域意识上，我国生态城市建设往往忽视城市与区域密切相关的整体观念及城市周边生态环境系统的保护，追求的是小系统范围内的高效、经济和低污染，这种思维模式与生态城市建设的整体观念格格不入，属于局部的思维模式。生态城市建设需要城市与郊区、其他区域与城市系统相结合，生态城市建设中要注重区域整体性原则，进行大尺度的生态区域建设，防止生态建设中的短期行为和急功近利行为。

第3章　生态城市思想渊源及理论基础

3.1　生态城市思想渊源探析

3.1.1　国内生态城市思想渊源

中国古代虽没有形成系统的生态城市理论，但是生态思想历史久远，经历了不同的时期，内涵不断丰富，并且经受了实践的检验，是现代生态城市理论的萌芽。

从上古时代起，保护生态环境、规范生产行为的传统，在有关的法令法规以及相关的政治思想中得以承载。一是《尚书》《周礼》《逸周书》《孟子》《荀子》《论语》《墨子》《淮南子》等著作中蕴含着生态环境保护思想（任俊华、刘晓华，2004）。如《逸周书》曰："春三月，山林不登斧斤，以成草木之长；夏三月，川泽不入网罟，以成鱼鳖之长。"中国古人很早就注意到与自身生存密切相关的生态环境问题；二是"天人合一"的思想反映了古代人简朴的生态观。"天人合一"思想是由北宋理学家张载正式提出来的，主要内容包括：人与自然是统一体，人是自然的一部分；人应与自然和谐相处，不应与自然为敌；自然是有机体，应尊重自然，师法自然（刑元梅、陈爱娟等，2004）。在周易中也有类似天人协调的思想，《周易·乾卦》中讲："夫大人者，与天地合其德，与日月合其明，与四时合其序，与鬼神合其吉凶。先天而天弗违，后天而奉天时。"（郝赤彪，2004）

生态伦理思想在儒家、道家思想中的体现。孔子具有"知命畏天"的生态伦理知识，培养了一种"乐山乐水"的生态伦理情怀和"弋不射宿"的生态资源节用观；孟子的生态伦理意识，在《孟子·告子上》记载："牛山之木尝美矣，以其郊于大国也，斧斤伐之，可以为美乎？是其日夜之所息，雨露之所润，非无萌蘖之生焉，牛羊又从而牧之，是以若彼濯濯也。”（任俊华、刘晓华，2004）道家相对于儒家生态伦理思想更加丰富，且自成体系。老子具有“道法自然”的生态平等观、“天网恢恢”的生态整体观、“知常曰明”的生态保护观；庄子则具有“至德之世”的生态道德思想，“物我同一”的生态伦理情怀和“万物不伤”的爱护生态观念，他崇尚“天地与我并生，万物与我为一”的“天人合一”的境界。（任俊华、刘晓华，2004）

古代的实践中发展了生态城市思想。古代国都选址，大都在平坦而肥沃的土地之上，《管子·乘马》说：“凡立国都，非于大山之下，必于广川之上。高毋近旱，而水用足；低毋近水，而沟防省，因天材，就地利。”选择生态环境好的城市建都，居民选址也讲究“负阴抱阳，背山面水”。反映了我国古代顺乎自然、因地制宜的城市建设思想，具有朴素的生态学思想。

中国古代城市强调城市与自然的结合，显然是受到“天人合一”思想的影响。由“天人合一”思想演化而来的阴阳五行、相土、风水等学说，也对我国古代城市建设产生了较大影响。五行强调城市建设的方位取向，相土学说侧重于对地形、地势、地质、水文等自然条件的分析，风水学说则被认为是古代环境选择的学问。中国古代的城市生态意识大都源于实践，虽然具有一定的哲学思想，但由于缺乏科学的实证分析，因此没有形成系统的理论体系。

3.1.2 国外生态城市思想渊源

1. 霍华德的“田园城市”

1898年，英国的霍华德在《明日——一条通向改革的和平道路》一文中提出了“田园城市”的理论，该理论的核心是城乡一体化，他认为：“城市和乡村必须成婚，这种愉快的结合将迸发出新的希望，新的生活，新的文明。”他认为可供人们选择居住的三类人居磁场，一是城市，二是乡村，三是城乡结合的田园城市，即“三磁”理论（如图3-1所示）。

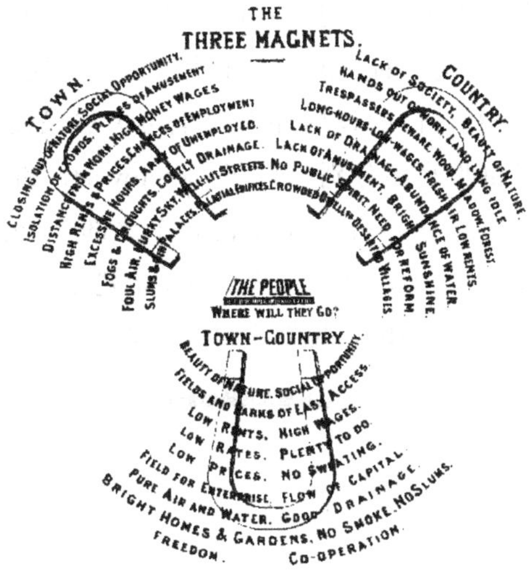

图 3-1　三种人居磁场示意图

Fig. 3-1　Three reside magnetic field

说明：中心部分：人民何去何从？左面的磁铁：城市——远离自然；社会机遇；群众互相隔阂；娱乐场所；远距离上班；高工资；高地租；高物价；就业机会；超时劳动；失业大军；烟雾和缺水；排水昂贵；空气污浊；天空朦胧；贫民窟与豪华酒店；宏伟大厦。右面的磁铁：乡村——缺乏社会性；自然美；工作不足；土地闲置；提防非法侵入；树木、草地、森林；工作时间长；工资低；空气清新；地租低；缺乏排水设施；水源充足；缺乏娱乐；阳光明媚；没有集体精神；需要改革；住房拥挤；村庄荒芜。下面的磁铁：城市—农村——自然美；社会机遇；接近田野和公园；地租低；工资高；地方税低；有充裕的工作可做；低物价；无繁重劳动；企业有发展余地；资金周转快；水和空气清新；排水良好；敞亮的住宅和花园；无烟尘；无贫民窟；自由；合作。

资料来源：[英] 埃比尼泽·霍华德．金经元译．明日的田园城市 [M]．北京：商务印书馆，2010.

霍华德提出的理想城市就是兼具城乡优点的“城乡磁体”——“田园城市”（郝赤彪等，2004）。

霍华德曾给田园城市下了一个简短的定义：田园城市是为安排健康的生活和工作而设计的城市，其规模要有可能满足各种社会生活，但不可能太大，被乡村带包围，全部土地归公共所有或者托人为社区所代管（吴良铺，2002）。田园城市所蕴含的生态城市思想表现在以下几方面：第一，城市和乡村是一个有机的整体，而不是简单的组合。通过城乡间的协调建立起健康的内在平衡机制，促进这一有机整体的良性发展。第二，城市存在发展极限，当城市达到一定的规模后，就应该限制其成长，新增长的部分由邻近的另一座城市来容纳，其间建立永久隔离的农业地带，对城市规模的限制有利于保证城市的生产、生活质量。霍华德设计的田园城市占地 6000 英亩，可居住 3.2 万人。城区居中，占地 1000 英亩，居住 3 万人，四周为农业用地 5000 英亩，其间散居 2000 人（如图 3-2 所示）。第三，城市的人民性。霍华德认为土地和社区是人民的，不是政治或宗教领袖的，社区内的设施在布局上考虑居民使用的方便性。20 世纪初，在伦敦东北部和西北部分别建设了 Letchworth 和 Welwyn 田园城市，其中，Letchworth 始建于 1903 年，位于伦敦东北部 64 公里，城市和农业用地共 1840 公顷，规划人口 3.5 万人；Welwyn 始建于 1919 年，距伦敦 27 公里，城市和农业用地共 970 公顷，规划人口 5 万人。

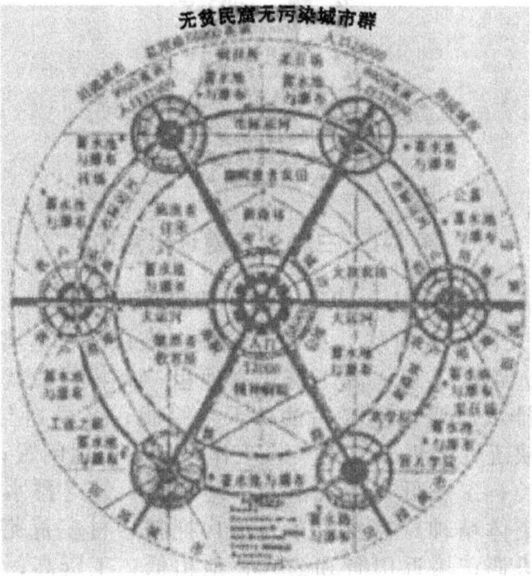

图 3-2 田园城市

Fig. 3-2 The garden city

说明：这里用图解的方式介绍了“田园城市”的结构形态和主要内容：①一个面积 1.2 万英亩、人口 5.8 万人的中心城市和若干个面积 9000 英亩、人口 3.2 万人、名称和设计各异的田园城市，共同组成了一个由农业地带分割的总面积 6.6 万英亩、总人口 25 万人的城市群，即社会城市。从中心城市中心到各田园城市中心约 4 英里；从中心城市边缘到各田园城市边缘约 2 英里。②各城市之间放射交织的道路（Road）、环形的市际铁路（Inter Municipal Railway）、从中心城市想各田园城市放射的上面有道路的地下铁道（Under ground with Roads over）以及环形的市际运河（Inter Municipal Canal）和从中心城市边缘向田园城市放射的可通向海洋的大运河（Grand Canal）等，在交通、供水和排水上，把社会城市联结成一个整体。③在田园城市四周，有自留地（Allotments）；在城市之间的农业用地上，有新森林（New Forest）、大农场（Large Farms）、癫痫病人农场（Epileptic Farms）、水库和瀑布（Reservoir&Waterfall）、疗养院（Convalescent Homes）、工业疗养院（Industrial Homes）、流浪儿童之家（Homes for Waifs）、戒酒所（Home for Inebriates）、精神病院（Insane Asylum）、农学院（Agricultural College）、盲人学院（College for Blind）、墓地（Cemetery）、采石场（Stone Quarries）、砖厂（Brickfields）。

资料来源：［英］埃比尼泽·霍华德．金经元译．明日的田园城市［M］．北京：商务印书馆，2010.

2. 芝加哥古典人类生态学派

“芝加哥学派”把城市看作一个由内在过程将各个组成部分结合在一起的社会有机体，并将生态学的“竞争、淘汰、演替和优势”的原理引入城市研究，它认为城市的区位布局、空间组织是通过竞争谋求适应和生存的结果，竞争和适应，也就是共生，是城市空间组织的基本过程，自然的经济力量把个人和组织合理地分配在城市的特定区位上，形成最佳的劳动分工和区域分化，使整个城市系统达到动态平衡。所以，城市是秩序与和谐的典范。芝加哥学派还指出了人们向往生态位①高的城市。此外，芝加哥学派还注意到了社会价值观等文化因素对城市空间组织的作用，认为经济竞争从根本上决定城市空间的微观结构，认为城市绝不是一种与人类无关的外在物，也不只是住宅区的组合；城市本身包含了人性的真正特征，它是人类的一种通泛表现形式，帕克认为，“城市是人性的产物。”因此，城市规划和建设必须充分重视并尽可能地体现城市的人性特点，这就是城市发展的“人本主义”思想。

总之，芝加哥学派的核心思想就是城市是一个有机体，它是生态、经济和文化等三种基本过程的综合产物，是文明人类的生息地。这种思想成为后来城市社会学和城市生态学的主流思想，对生态城市概念的产生和研究的发展具有重要的促进作用。

3. 人居环境科学

20 世纪四五十年代兴起了人居环境科学，人居环境科学是指“以环境和人的生产生活为基点，研究从建筑到城市的人工与自然环境的保护与发展的新的学科体系”，它强调城乡的整体性，认为城市与乡村是一个经济和社会体系中的两个部分，二者之间相互支持、相互作用，人居环境科学的宗旨是建设符合人类理想的聚居环境（如图 3-3 所示）。20 世纪 60 年代，道萨迪斯提出的“人类聚居学”，认为人居环境是人类聚居生活的地方，是与人类生存活动密切相关的地表空间，它是人类在大自然中赖以生存的基地，是人类利用自然、改造自然的主要场所，强调把人类聚居作为一个整体，从政治、社会、文化、技术等各个方面，全面地、系统地、综合地加以研究，而不像城市规划学、地理学、社会学那样，只是涉及人类聚居的某一部分或是某个侧面。人居环境科学

---

① 生态位：城市为满足人类生存所提供的各种条件的完备程度。

与生态城市的宗旨基本一致，因此，人居环境科学的发展为生态城市建设提供了重要的理论基础。

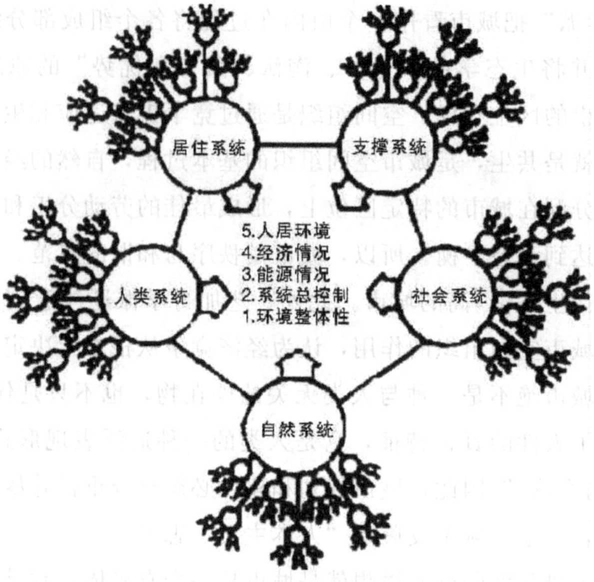

图 3-3　人居环境学系统模型

Fig. 3-3　The model of reside environment

3.2　生态城市理论基础

3.2.1　生态经济学

1. 生态经济学理论

生态经济学是以马克思政治经济学理论和生态学理论为基础，运用现代系统理论的分析方法，从结构、功能、平衡、效益、调控角度，揭示出生态经济系统这一客观实体的运动发展规律。生态经济学基本原理包括如下内容：

(1) 生态经济系统的结构原理。所谓系统结构是指系统内部各组成要素之间的有机联系与相互作用方式。任何系统的要素都按照一定的次序排列和组合成为一定的结构。生态经济系统结构是指生态经济系统内部的人口、环境、资源、资金、科技等要素在空间或时间上，以社会需求为动力，通过投入产出链相互联系、相互作用所构成的有序、整体、网络的关系。生态经济系统的结构原理包括结构成分、结构关系、结构特征、结构设计、结构评价及结构演替。

（2）生态经济系统的功能原理。结构是功能的基础，功能是结构的表现。生态经济系统的结构与功能是统一的。社会物质再生产是在生态经济系统中进行的，是物流、能流、信息流和价值流的交换和融合过程。因此，物质循环、能量转化、信息传递、价值增值是生态经济系统特有的四大功能。要认识生态经济系统的运动发展规律，必然研究其功能作用机理即物质的无限循环、能量的定向转化、信息的人工控制和价值的人工增值。

（3）生态经济系统的平衡与效益原理。生态经济系统功能的优劣是由生态经济系统的结构决定的，而生态经济功能的优劣又集中体现在其生态经济平衡与否和效益的高低上。所以，生态经济系统的平衡与效益是生态经济系统的功能表现。生态经济平衡原理包括平衡内涵、平衡特征、平衡标志及实现平衡的途径。生态经济系统的效益原理包括效益内涵、效益的表示方法、效益的评价、效益的指标体系及提高效益的途径。

（4）生态经济系统的调控原理。人们研究生态经济系统的目的是简单运用一定的政策手段来调控生态经济系统的物流、能流、价值流、信息流，以实现生态经济系统良性循环目标，生态经济系统调控原理包括调控目的、调控途径、调控切入点和调控对策。

生态城市要实现生态经济——社会复合生态系统的和谐，实现高效的经济，建设城市生态经济系统。因此，生态经济学是生态城市的重要理论支持。

2. 生态经济学对生态城市的指导

生态城市的提出背景类似于生态经济学提出的背景，是在生态经济学发展的基础上逐步提出的，是为了解决城市发展过程中经济建设对自然资源需求的不断增长与自然资源供给能力的不断缩小之间的矛盾，破解城市居民生存环境日益恶化、生态安全威胁加重的难题而提出来的。

根据生态经济学理论，生态城市是一个复合生态系统，这个生态系统中的各种要素之间相互联系、相互制约，共同构成一个有机整体，某种要素的变化将会引起其他要素的变化乃至整个系统的变化。在生态城市经济系统中，城市生态系统和经济系统、社会系统之间的关系是相互联系、相互制约的。城市随着经济系统规模的扩大，其对自然生态系统的影响在不断加深；同时，自然生态系统因为经济和社会活动的影响而恶化，其结果也会反过来阻碍人类社会、经济系统的正常运行。因此，生态城市建设要用动态的观点从整体上看待生态、经济与社会问题，反对以片面的、孤立的观点看待自然与社会经济的相互关系。生态城市建设要求建立稳定、高效、可持续的生态经济系统，建立生态产业体系、更新消费观念、改变教育模式，创建生态技术科技体系，运用全新的评价体系。生态城市建设也必须立足于未来，要从长远的观点来处理好生态与经济的关系，正确处理整体与局部、长远与近期的关系。具体来讲要建立以下内容：

(1) 生态城市要建立生态经济系统。按照互利共生原则、适度规模原则、同步运行原则、立体布局原则和最大功率化原则，建立起稳定、高效、可持续的生态经济系统，对生物要素、经济要素和技术要素等进行合理的配置，做到科学利用，促进经济循环和生态循环的顺利进行，保证经济增长和物质财富的增加。

(2) 生态城市建设要做到生态经济的动态平衡。生态经济平衡就是生态经济系统所呈现的生态平衡和经济平衡相统一的、相对稳定的动态平衡状态，或生态经济综合平衡状态。它是各种生态经济要素协同作用所产生的结构有序与功能协调的动态平衡。也就是在整个生态经济系统中，各种物质循环和能量流动保持一种动态的平衡状态，这种状态是系统进化、良性循环的先决条件，是可持续发展的基础和前提。

(3) 生态城市建设要建立全新的评价体系。生态城市的评价要从生态效益、经济效益、社会效益等多方面来考察。在经济发展中必须考虑资源的耗竭和生态环境的恶化成本以及资源的再生速率，以系统的可持续发展为最终目标。生态城市的评价要改变传统的评价方法，采用新型的方法。

(4) 生态城市建设中要制定环境政策。生态城市建设中要制定环境政策，将环境管理和政策与生态经济系统中人类的行为相结合，具体包括两方面的政策：经济刺激政策和宏观调控手段。

(5) 建立起生态经济产业。生态经济产业是以生态学理论为基础，从系统的角度出发兼顾整个社会、自然和人类的最大利益均衡与分配，尽可能地缩小或减少环境外部性，考虑资源最优利用与最优配置而发展起来的新型产业。具有完整的生命周期、高效的代谢过程及和谐的生态功能的网络型、进化型、复合型产业。

(6) 建立起生态经济消费模式。建设生态城市必须改变原来的消费观念，特别是工业文明的消费模式，建立起全新的生态经济消费模式。它反映消费领域的主要范畴、主要经济关系和内在规律，包括消费水平、消费结构、消费方式、消费质量等内容；它们之间的相互联系、发展趋势和规律性，包括上层建筑对消费生活的影响，以及在消费行为中应遵循的规范。

3.2.2　循环经济理论

1. 循环经济的概念和内涵

(1) 循环经济的概念。循环经济是针对日益遭受破坏的自然生态环境和人类自身发展的可持续性而提出来的。20 世纪 60 年代以来，资源的短缺和生态环境问题已经成为经济继续增长的重大约束，污染对人类生存带来了严重的威胁，特别是 20 世纪 30 至 60 年代，世界范围内先后发生了八大污染事件，给人类的生产、生活方式敲响了警钟。为此，学者们提出人类社会的未来应该建立一种以物质闭环流动为特征的经济模式，即循环经济，从而实现可持续发展所要求的环境与经济双赢，即在资源环境不退化甚至得到改善的情况下实现促进经济增长的战略目标。20 世纪 60 年代，美国经济学家鲍尔丁提出的宇宙飞船理论是循环经济思想的启蒙。

传统经济是一种“资源—产品—污染排放”的单程线性经济。在“资源无价”的错误认识下，人们以越来越高的强度把地球上的物质和能源开采出来，在生产加工和消费的过程中又把污染和废物大量地排放到环境中去，对资源的利用大多是粗放的和一次性的。循环经济是对传统经济的革命，其将从根本上消除长期以来环境与发展之间的尖锐冲突，不但要求人们建立新的经济模式，而且要求在从生产到消费的各个领域倡导新的经济规范和行为准则。

循环经济是一种生态型经济，倡导的是人类社会经济与生态环境和谐统一的发展模式，效仿生态系统原理，把社会、经济系统组成一个具有物质多次利用和再生循环的网、链结构，使之形成“资源—产品—再生资源”的闭环反馈流程和具有自适应、自调节功能的，适应生态循环的需要，与生态环境系统的结构和功能相结合的高效的生态型社会经济系统。以可循环资源为来源，以环境友好的方式利用资源，保护环境和发展经济并举，把人类生产活动纳入自然循环过程中，所有的原料和能源都能在这个不断进行的经济循环中得到合理的利用，从而把经济活动对自然环境的影响控制在尽可能小的程度，经过相当长时间的努力，使生态负增长转变为生态正增长，实现人类与生态的良性循环。

(2) 循环经济的内涵。循环经济包括了三个层次的含义：

① 实现社会经济系统对物质资源在时间、空间、数量上的最佳运用，即在资源减量化优先为前提下的资源最有效利用。

② 环境资源的开发利用方式和程度与生态环境友好，对环境影响尽可能小，至少与生态环境承载力相适应。

③ 在发展的同时建立和协调与生态环境的互动关系，即人类社会既是环境资源的享有者，又是生态环境的建设者，实现人类与自然的相互促进、共同发展。

(3) 循环经济的原则。循环经济以3R原则为其经济活动的行为准则，即减量化（Reduce）、再利用（Reuse）和再循环（Recycle）。

① 减量化原则。属于输入端控制方法，即要求用较少的原料和能源投入来达到既定的生产目的或消费目的，实现从经济活动的源头就注意节约资源和减少污染。

② 再利用原则。属于过程控制方法，即要求制造产品和包装容器能够以初始的形式被反复使用，还要求尽量延长产品的使用期，减缓更新频率。

③ 再循环原则。属于输出端控制方法，即要求生产出来的物品在完成其使用功能后能重新变成可利用的资源，而不是不可恢复的垃圾。实现原级再循环（即废品被循环生产同类新产品）和次级再循环（即将废物资源转化成其他产品的原料）。

2. 循环经济理论对生态城市建设的指导

循环经济与生态城市耦合的内在机制在于它是一种生态经济，是一种人类社会模仿自然生态，自觉自我组织、自我调整以与外界生物圈相协调的一种经济发展方式。循环经济通过模拟自然生态系统建立经济系统中“生产者—消费者—分解者”的循环途径，建立生态经济系统的“食物链”和“食物网”，利用互利共生网络，实现物流的闭路再生循环和能量多级利用。在这样的经济系统中，一个企业的“废弃物”同时也是另一个企业的原材料，整个经济系统中的物质能量转换趋近于“零排放”的封闭式循环。循环经济实质上是通过提高自然资源的利用效率，实现人类社会与自然环境之间物质和能量转换的优化，从而达到在维护生态平衡的基础上合理开发自然，将人类的生产和消费方式限制在生态系统所能承载的范围之内的目的。

生态城市建设就是要在生态系统承载能力的范围内，运用系统工程原理和符合自然生态规律的循环经济方法所建立的具有非线性生产模式的产业循环系统，基础设施系统以及生态保障系统，以具有生态高效的产业、协调的管理体制和景观适宜的环境的城市。

生态城市最显著的特征是：具有高度自组织能力的、日趋有序的城市循环产业体系。在资源使用方面：它以资源的梯次开发、重复利用和废弃物的低度甚至是零度排放为标志；在产业规划与设计方面：以循环连接的链式产业的大量建立，可替代资源的规模化开发生产，静脉产业的建设与繁荣为标志；在生态方面：建设多样化的生态环境，体现平衡、和谐与洁净的人居生存环境为水准；在人文社会方面：以文明化与生态化的人文文化氛围和多层次的教育体系为标志。

发展循环经济是生态城市建设中资源有限性的物质需要。城市建设离不开对资源的利用，在资源有限性的制约下，城市建设如果继续沿袭传统的建设模式，即以资源的大量消耗为代价是不可能实现生态城市建设的目的的。随着城市建设的深入，城市污染问题日益严峻。在传统城市建设的模式下，不仅不能保护环境，相反会加剧对环境的污染，因此必须发展循环经济。只有通过发展循环经济，才能将经济活动对自然资源的需求和生态环境的影响降低到最低程度，以最小的资源消耗、最小的环境代价实现经济的可持续增长，从根本上解决城市建设与环境保护之间的矛盾，既实现了加快经济发展的目标，又能最大限度地保护和利用好自然资源和环境，使工业化、城市化与生态化有机地结合起来，是实现经济与环境“双赢”的最佳模式，真正地实现了“鱼和熊掌”的兼得，走出一条生产发展和生态良好的现代生态城市的建设之路。

3.2.3　可持续发展理论

1. 可持续发展理论的内涵

可持续发展的概念是在 1972 年于斯德哥尔摩召开的联合国人类环境会议之后，世界各国围绕着环境与发展问题开展了 20 多年的研究和探索，逐步发展起来的。

世界环境与发展委员会（WCED）将可持续发展定义为：“既满足当代人的需要，又不对后代人满足其需要的能力构成危害的发展。”它包括两个基本观点：一是人类需要发展，尤其是世界上贫困人口要发展，并且应放在特别优先的地位来考虑；二是发展要有限度，发展要在环境、资源能够承受的前提下发展，不能影响到子孙后代。

可持续发展包括以下内涵：

(1) 可持续发展的核心是发展。可持续发展不否定经济增长，尤其是发展中国家的经济增长，但需要考虑经济增长的方式，要实现经济增长同社会发展和生态改善的有机结合。

(2) 可持续发展以合理利用自然资源为基础，同环境承载能力相协调，实现人和自然之间的和谐。

(3) 可持续发展要求承认并体现环境资源的价值。环境资源的价值不仅表现在环境对经济发展的支撑上，而且还体现在环境资源对人类生命质量的提高上。

(4) 可持续发展是经济、社会和生态相互协调的发展。经济的发展是前提和基础，生态资源的可持续利用和生态环境的改善是可持续发展的保障，而社会系统的有序和全面发展则是目的。可持续发展要重视提高人民的生活质量，重视各项社会事业的进步。

(5) 可持续发展强调综合决策、制度创新和公众参与。

2. 可持续发展理论在生态城市建设中的指导作用

生态城市的目标之一就是要实现城市的可持续发展。生态城市建设必须要在可持续发展理论的指导下进行，生态城市是城市可持续发展的生态学表述，可持续发展是生态城市的基本属性，也是生态城市的发展本质。

生态城市建设不能损害下一代的发展，一部分人的发展不能以另一部分人的发展为代价，不能建立在牺牲广域环境发展的基础上，即在发展经济的同时要充分考虑到经济活动的外部性，使当代人与后代人都能满足要求，使本地区与外地区都能共生发展。从城市可持续发展机制来看，生态城市可持续发展的核心是在不损害资源与环境再生能力基础上的持续发展。

可持续发展理论在生态城市领域的应用，是一种崭新的城市发展观，是在充分认识到城市在其发展历史中的各种“城市病”及原因的基础上，寻找到的一种新的城市发展模式——生态城市模式。它在强调社会进步和经济增长的重要性的同时，更加注重城市物质文明和精神文明的不断提高，最终实现城市社会、经济、环境的均衡发展。生态城市的可持续发展理论内涵丰富，同时又具有层次性、区域性等特征，它至少包含以下几个方面的内容：

（1）城市可持续发展具有时空性，在不同的发展阶段、不同的区域，城市可持续发展具有不同的内容和要求；不仅要满足当代人、本城市的发展要求，还要满足后代人、其他地区的发展要求。

（2）强调人口、资源、环境、经济、社会之间的相互协调，其中环境可持续发展是基础，经济可持续发展是前提，资源可持续发展是保障，社会可持续发展是目的。

（3）主要是通过限制、调整、重组、优化城市系统的结构和功能，使其物质流、能量流、信息流得以永续利用，并借助一定的城市发展、经济社会发展战略来实施。其中，城市政府是推动城市可持续发展的首位力量。

（4）具体表现为城市经济增长速度快，经济发展质量好，市容环境美观，生态环境状况良好，人民生活水平高，社会治安秩序优，抵御自然灾害能力强。

（5）从宏观而言，是指一个地区的城市在数量上的持续增长，最终实现城乡一体化；就微观而言，是指城市在规模（人口、用地、生产等）、结构、功能等方面的持续变化与扩大，以实现城市的持续发展。

从城市可持续发展理论的内涵内容可以看到，它与建设生态城市的要求在本质上是一致的，而且城市可持续发展理论给予了生态城市建设更丰富的内涵，促进了城市这个人工复合生态系统的良性循环。

第4章 生态城市架构与理论模型

4.1 生态城市的概念及特点

4.1.1 生态城市的概念

生态城市是一个崭新的概念。它产生于20世纪60年代，是人类对环境污染和生态破坏而造成的城市不可持续发展的深刻反思，是人类对自我生存方式、生活方式、城市建设发展模式的一次重新选择，是城市社会、政治、经济、文化、自然生态发展到一定阶段时期的必然。

1. 国内外学者对生态城市的定义

国内外学者对生态城市的定义主要有以下几种：

1984年，苏联生态学家扬诺斯基提出，生态城市是一种理想的城市模式，是技术与自然的充分融合，人的创造力和生产力得到最大限度的发展，城市居民的身心健康得到最大限度的保护，物质、能量、信息得到有效的利用，生态良性循环的一种理想环境。同年，我国生态学家马世骏认为：生态城市是自然系统合理、经济系统有利、社会系统有效的城市复合生态系统（马世骏、王如松，1984）。

1987年，美国生态学家瑞杰斯特等认为，生态城市是追求人类与自然的健康与活力，即生态健康型城市，是紧凑、充满活力、节能并与自然和谐共存的聚居地。

1988年，王如松提出，生态城市是社会、经济、自然协调发展，物质、能量、信息有效利用，生态良性循环的人类聚居地。生态城市的“生态”，包括人与自然环境和人与社会环境的协调关系两层含义；生态城市的“城”，指的是一个自组织、自调节的共生系统（王如松、欧阳志云，1994）。

丁键等认为，生态城市是一个经济发展、社会进步、生态保护三者保持高度和谐，技术和自然达到充分融合，城乡环境清洁、优美、舒适，从而能更大限度地发挥人类的创造力、生产力，并促使城市文明程度不断提高的稳定、协调与永续发展的自然和人工环境复合系统。建设生态城市不仅是人类的共同愿望，而且也是现代城市发展的大趋势。其根本目的，就是在不断提高城市综合效益的基础上创造一个高度文明的城市环境，让人们的创造力和各种推动社会进步的潜能充分地释放出来（丁键，1995）。

吴人坚提出，生态城市就是在城市演化过程中，人、生物、非生物环境通过长期的相互作用逐步形成的一种和谐、均衡系统。生态城市最基本的原则是高效率，首先是经济效率，只有经济充满活力，社会才有可能积聚足够的财富用于城市建设，更重要的是生态与经济效率的综合高效。生态城市追求的不仅是常规核算意义下的经济效益，而更注重生态尺度上城市功能的优化，用尽可能少的环境资源创造尽可能多的 GDP、就业机会和生活质量的提升（吴人坚，2001）。

2003 年，Juergen Paulussen 和王如松提出，生态城市是一类具有经济高产、生态高效的产业，系统负责、社会和谐的文化，结构健康、生命力强的景观行政单元。其建设目标是通过规划、设计、管理和建设生态景观、生态产业和生态文化来实现结构耦合的合理、代谢过程的平衡和功能的可持续性。生态城市是以生态经济学、系统工程学为理论基础，通过改变生产方式、消费行为和决策手段，实现在当地生态系统承载能力范围内可持续的、健康的人类生态过程体制整合、科技孵化、企业投资。公众参与和政府引导是生态城市发展的基本方法，清洁生产和生态产业是生态城市建设的关键所在。

从学者们对生态城市的研究来看，生态城市的概念十分宽广，从不同的角度、不同的学科有着不同的理解。总的来讲，主要有以下几种：

从可持续发展理论来看，生态城市是代内公平，代际公正，造福后人，经济、社会、自然协同持续发展的城市。

生态哲学的角度来看，生态城市的实质是实现人与人、人与自然的和谐。生态城市强调人是自然界的一部分，人必须在人—自然系统整体协调、和谐的基础上实现自身的发展，人与自然的局部价值都不能大于人—自然统一体的整体价值，强调整体是生态城市的价值取向所在。

从系统论的角度，生态城市是一个结构合理、功能稳定、达到动态平衡状态的社会—经济—自然复合生态系统。它具备良好的生产、生活和净化功能，具备自组织、自催化的竞争序来主导城市的发展，以及自调节、自抑制的共生序来保证生态城市的持续稳定。城市中各类生态网络完善，生态流运行高效顺畅。

从生态经济学的角度来看，生态城市要求以生态支持系统的生态承载力和环境容量作为社会经济发展的基准。生态城市既要保证经济的持续增长以提供相应的生产、生活条件来满足居民的基本需求，更要保证经济增长的质量。生态城市既要有与生态支持系统承载力相适应的合理的产业结构、能源结构和生产布局，又要有利于维持自然资源存量和创造社会文化价值的生态技术体系，实现物质生产和社会生产的生态化，保证城市经济系统的高效运行和良性循环。生态城市倡导绿色能源的推广和普及，致力于可再生能源高效利用和不可再生资源能源的循环节约使用，关注人力资源的开发和培养。

从生态社会学角度，生态城市不单是单纯的自然生态化，而且是人类生态化，即以教育、科技、文化、道德、法律、制度等的全面生态化为特色，推崇生态价值观、生态哲学、生态伦理，以形成资源节约型的社会生产和消费体系，建立自觉保护环境、促进人类自身发展的机制和公正、平等、安全、舒适的社会环境。

2. 生态城市的定义

生态城市是人类文明演进到生态文明时代的产物，是在生态文明的指导下展开的城市建设。生态城市建设是在工业文明时代造成的城市资源枯竭危机、环境恶化危机和社会安定危机深刻反思的基础上，对城市建设模式和道路的探索，从这个角度讲，生态城市就是生态文明城市。从广义概念上讲，生态文明城市又不能等同于生态城市，生态城市是一个动态的，不停变化的事物，生态城市建设又涉及更广更复杂的内容，是一个纷繁复杂的组合体。

在总结前人研究的基础上，本书认为生态城市是以生态承载能力与环境容量为发展基础的，结构合理、功能完善、经济高效、环境宜人、社会和谐的可持续发展的城市。生态城市的发展包括社会、政治、经济、文化、自然等各方面的均衡协调发展，其中，社会发展程度是生态城市的内在要求，经济发展程度是生态城市的物质基础，文化发展程度是生态城市的人文支撑，自然生态发展程度是生态城市的外在表现，政治发展程度是生态城市的核心表现与动力。

生态城市的建设是自然、城市和人有机融为一体，形成一个互惠共生结构的复合体的过程。生态城市建设是以生态经济学、系统工程学等为理论基础，通过改变思维方式、生产方式、消费方式等，实现经济、政治、社会、文化和环境的优化整合的过程。其最终目标是实现人—自然的和谐，包含人与人和谐、人与自然和谐、自然系统和谐，其中追求自然系统和谐、人与自然和谐是基础和条件，实现人与人和谐才是生态城市的目的和根本所在，即生态城市不仅能“供养”自然，而且能够满足人类自身进化、发展的需求，达到“人和”。

4.1.2　生态城市的特点

传统城市是工业文明时代的产物，一切是以人为中心，片面地追求经济的发展和规模的扩大，发展方式上是不可持续发展方式，资源利用上是简单的线性方式，管理体系是链状方式，而生态城市是要引进天人合一的系统观，道法天然的自然观，巧夺天工的经济观和以人为本的人文观，实现城市建设的系统化、自然化、经济化和人性化。与传统城市相比，具有以下几方面的特点：

(1) 和谐性。和谐是生态城市的核心内容，包括人与人的和谐、人与自然的和谐、自然系统的和谐等三个方面。其中，自然系统和谐、人与自然和谐是基础，实现人与人和谐才是生态城市的根本目的。现代人类活动促进了经济增长，破坏了环境，割裂了自然系统及人与自然的和谐，将人类引向了“生态危机”的边缘。生态城市就是营造满足人类自身进化需求的环境，创建充满人情味、文化气息浓郁、互助协作的环境，实现人与自然共生共荣，各行业、各部门之间的协调，经济持续发展，社会健康稳定。其中，政治、文化的作用尤为重要，政治民主将成为生态城市建设的主要动力，文化个性与文化魅力将成为生态城市建设的灵魂。

(2) 高效性。生态城市改变传统城市“高能耗、低效率、高污染、非循环”的运行机制，建立一种科学发展、循环利用的新机制。在不断推进技术进步的基础上，科学高效地利用各种资源，提高一切资源的利用效率，达到物尽其用，人尽其才。生态城市发展的动力源于城市内部，源于构成生态城市的人、物、空间环境及其相互作用产生的意识、制度、资本的驱动。

(3) 可持续性。生态城市以可持续发展为根本，着眼未来，兼顾不同时间、空间，充分体现自然资源与人力资源的合理配置和可持续的开发利用，公平地满足现代与后代在发展和环境方面的需求，不因眼前利益而用“掠夺”的方式追求城市的暂时“繁荣”，保证其健康、持续、协调的发展。

（4）均衡性。生态城市是一个复杂的系统，由相互依赖的经济、政治、社会、环境和文化子系统组成，它们在“生态城市”这个大系统的整体协调下均衡发展。生态城市在形态、构造和功能上是集中与分散的均衡，任何一个组分在时空上的过度密集或分散，都会造成生态城市的过度发展或衰退，危及生态系统的安全。在一个生态城市中，系统的各要素都有一个安全范围，一旦超出这个范围，平衡就会受到破坏。

（5）整体性。生态城市不是单单地追求环境的优美，或经济的发展，或社会的进步或文化的繁荣，而是兼顾社会、政治、经济、文化和环境五者的整体效益，不仅重视经济的发展与生态环境的协调，更注重文化的繁荣和社会的进步，是在整体协调的新秩序下寻求发展，实现人类生活品质的根本提高。因此，生态城市是以人为主体，兼顾社会、政治、经济、文化和环境五者的整体效益的复合生态系统，子系统之间相互依存，互相制约，是一个不可分割的有机整体。

4.2 生态城市的内涵

生态城市是面向未来生态社会的人类住区系统，其内涵必将反映生态文明的思想和系统性思想（黄光宇、陈勇，2002）。随着社会的发展与进步，随着可持续发展与科学发展观的进一步深化与践行。生态城市的内涵将进一步发展、充实和丰富，目前，生态城市内涵主要从以下几个层面来理解：

4.2.1 哲学层面

传统城市建设坚持现代哲学思想，是一种机械论的世界观，以人类中心主义为主要原则，强调人与自然、主体与客体二元分离和对立，认为人不是自然界的一部分，而是独立于自然界而存在的，甚至认为人是自然的主宰；强调对部分的认识，也不承认自然界的价值，主张在人与自然对立的基础上，通过人对自然的改造确立人对自然的统治地位，是一种人类统治自然的哲学。

生态城市建设坚持生态世界观，生态世界观就是这场哲学革命的新产物。体现了生态哲学的思想，即从人统治自然的哲学发展到人—自然和谐发展的哲学。它基于对人和自然相互作用的生态学原则的正确认识，提出世界是相互联系的动态网络结构，人与自然的相互作用广泛关联。生态世界观决定了生态城市应当是在人—自然系统整体协调、和谐的基础上实现自身的发展，其中，人或自然的局部价值都不能大于人—自然系统统一体的整体价值，其实质是实现人—社会—自然的和谐发展，包含人与人和谐、人与自然和谐、社会与自然系统和谐等内容，其中，追求人与自然和谐、社会与自然系统和谐是基础，实现人与人和谐才是生态城市的目的和根本所在。

4.2.2　经济层面

传统的经济发展模式是以最少的花费、最快的速度、最短的周期去谋取最多的利益，即以“最少、最快、最短、最多”为价值导向去追求经济无限增长，认为经济的不断增长和物质财富的持续增长将带来社会的进步和人们生活的幸福。但这一模式却掩盖了经济增长测量手段本身的合理性、社会财富分配是否公正、人们生活质量是否真正得到提高、人类是否因此付出其他更大的代价等诸多问题的存在。目前，城市建设中仍然使用 GDP、财政收入等偏重于经济数量的指标体系来考核城市的建设成果，既不重视自然环境和资源方面的耗费和价值，也不重视人们的实际生活质量，是一种短视经济。

生态城市的建设将走向生态经济模式，即以人力资本占主体的“内在化”的知识经济，它改变了整个社会生产的产品结构、劳动力结构以及资源与资金的配置，对社会生产体系的组织结构、经济结构进行根本变革，实际上是进行一场新的产业革命。构建生态产业体系，发展生态产业是生态城市建设的主要经济功能，生态产业是智力资源的综合物化，主要生产因素是人才、信息和资金，不直接依赖自然资源，知识成为生态城市资源开发利用的主要方向，从根本上解决资源能源短缺以及资源能源可持续开发利用问题，实现以最少量的能源、资源投入和最低限度的生态环境代价，为社会生产最多、最优质的产品，为人们提供最充分、最有效的服务。生态城市的经济发展是集约内涵式的，重视质量和综合效益，肯定自然资源是有价值的，承认经济与环境都是重要的，体现社会平等和环境责任，经济活动是有益于社会和环境的，资金是“清洁的”、合乎环境伦理的，经济成果的分配是公正的。

4.2.3 技术层面

人类为了生存和发展，需要不断解决人与自然的矛盾，而科学技术为协调人与自然的关系，不断解决人与自然的矛盾，提供了重要的手段和方法。特别是技术体系已经越来越成为社会发展的标志，成为城市建设的重要手段。

传统的城市建设是在传统的工业技术体系下进行的。所谓传统的工业技术体系就是第一、二、三次产业革命后形成的技术体系。这种体系是唯经济服务，不惜以牺牲环境和资源为代价，从自然界谋求最大的收获量，它是完全根据人的法则产生，单纯从人的利益出发设计的；是机械论的，不仅以分化和专门化的方式发展，而且过分简化；是一种线性体系，为了更快更好地取得经济利益，传统物质生产以单个过程的优化为目标，在生产中的运用以排放大量的废料和大量消耗资源为特征是高消耗、低产出和高污染的。

生态城市建设是要在生态技术体系下进行的。生态技术体系是生态城市超越传统城市获得自我发展的物质手段，以信息技术，新能源技术、新材料技术、生物技术、海洋技术和空间技术为主要内容的构成。主张和其他生命物种相互依存、共同繁荣，对资源和能源进行可再生利用，只投入少量的能源，但只有很低的污染或完全没有污染；它不以经济增长为唯一的目标，还包括人类健康、环境保护、社会安定等目标；是非线形的和循环的，实现资源的多层次利用；将经济效益、生态效益和社会效益有效地统一起来，有着持久的优势和发展前途。生态技术是生态城市得以运转的重要的物质手段。

4.2.4 文化层面

传统城市建设建立在人类中心主义基础上的，强调人的作用和地位，一切活动以人为中心，人是自然的主宰。在城市建设中表现为挥霍、浪费、放纵、自私、特权、侵略、征服、掠夺、急功近利、历史虚无主义、沙文主义、技术至上主义等，导致城市环境恶化、城市生态破坏、社会不稳定等，城市建设陷入困境。

生态城市建设以生态文化为基础，生态文化摒弃了人统治自然的“反自然”文化和人类中心主义思想，是一种人—自然协调发展的文化。宏观层面上，生态文化强调人类在自然价值的基础上创造文化价值，又可以在增加文化价值的同时，保护自然价值，实现两者的统一，而不是以损害自然价值的方式实现文化价值，也不是以减少文化价值的方式保护自然价值，从而实现人与自然矛盾的消解，实现双赢式发展。从微观层面上看，生态文化具有反映城市社会生活民主化、多样化、丰富性的多元化特点，即体现从人—自然整体的角度来协调、统一不同背景下文化的发展，使不同信仰、不同种族、不同阶层的人能共同和谐地生活在一起。此外，不仅保持传统文化精华的传承与动态发展的统一，而且在全球化浪潮中保存一种比较完整的具有民族、地域特色的生态文化。生态文化突出表现为：崇尚健康、节约、控制，人道、平等、公平、民主、正义、协调、共存、精神追求与物质满足的协调、多种文化的互补与渗透等。

4.2.5　环境层面

生态城市环境层面的内涵主要包括：

(1) 可持续的环境。可持续性是在一定范围内的发展状态。使用可更新的资源数量必须小于其再生量，避免对生态系统造成不可修复的损害。

(2) 动态的环境。也就是环境在人类活动和自然力的作用下，保持稳定的运作过程。因此，必须对生物的多样性加以保护，物种的灭绝会导致生态系统的崩溃，使环境的适应能力遭到破坏。

(3) 公平的环境。指每个人不论高矮、胖瘦、贫富等都有权享受环境，比如：面向公众开放的海滩和国家公园便是最好的例子。此外，每个人不论是现在还是将来都有责任确保其所作所为没有影响到其他人享用环境的权利。

(4) 系统的环境。一是城市生态环境与区域生态环境之间是密不可分的。城市生态系统本身并不是一个完整的系统，因而也很脆弱，它有很强的依赖性，必须要从外部运进大量的能源与物质，并产生大量的废物，仅仅依靠城市自身的净化能力是远远不够的。二是必须将城市历史环境观与现实环境观的有机结合。

一个理想的城市形态是应当满足人们的多重需要的，因此，理解生态城市就必须辩证地对待历史与现实环境之间的关系，只强调保护而忽视发展或只强调发展而忽视保护，都不是生态城市所倡导的。只强调保护意味着僵化，只强调发展意味着无知。生态城市的理念拒绝偏颇，而是坚持历史环境与再生的兼顾，历史环境保护与生态环境保护的有机结合。

4.3 生态城市的构成及运行

4.3.1 生态城市的构成

城市的系统结构是指城市组成要素在一定空间范围内和一定时间阶段内相互联结、发生关系的方式和秩序，包括城市的组成要素及其相互关系。

生态城市系统是一个要素众多，关系交错，目标和功能多样的复杂大系统。一般来说，生态城市是由生态政治系统、生态社会系统、生态经济系统、生态环境系统、生态文化系统等五个子系统构成，而每个子系统本身又是众多要素组成的具有特定结构、功能和目的的系统，并且各子系统之间相互联系，相互影响，相互制约形成纵横交错、纷繁复杂的关系。其系统构成如图 4-1 所示。

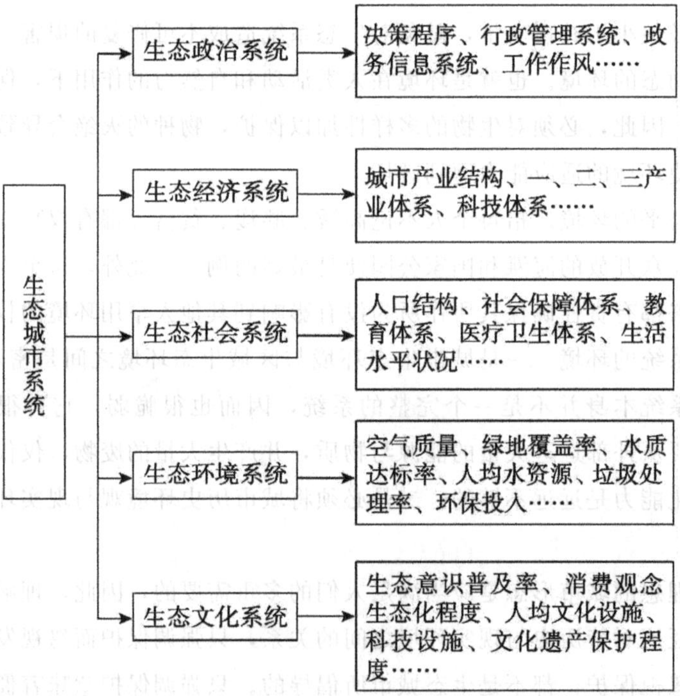

图 4-1　生态城市系统组成图

Fig. 4-1　Connotations of eco-city

4.3.2　生态城市的运行及其规律

人类社会的运动是由生产力与生产关系的矛盾、经济基础与社会上层建筑的矛盾推动的。生态城市是与其所处的社会发展阶段相适应，生态城市受制于社会发展的一定阶段，总的来讲，生态城市运行的动力也是在这两个方面矛盾运动中发展的，一方面，社会生产力的发展推动了生态城市的发展，使生态城市的发展水平也随之不断提高，从低级向高级、从简单到复杂；另一方面，上层建筑、环境、文化等也在一定的程度上制约与影响生态城市的发展与运行。

生态城市运行是生态城市适应外部环境变化及内部自我调整的过程，反映在政治、经济、社会、文化与环境五个组成系统各组分间以及与外界系统的相互作用单向动态变化。但这种动态变化是以政治、经济、社会、文化和环境协调发展为基础的，是一种特殊的生态演替过程。

生态城市的运行是按照 3S 原则，即综合、协调和共生的原则，强调各生态流发展的质量及相互之间的协调与平衡，强调整体功能的完善，以不断提高其整体质量水平，达到提高整体质量水平的目的，而不是强调增加城市生态流强度和速度，单一提升某一个系统功能。

生态城市的运行实际上是生态城市新陈代谢的过程，即为实现生产、流通、服务和集聚等功能，各种生态流的代谢，体现为物质流、能量流、信息流和人口流这四种生态流的交换、转化、流动等。

1. 生态城市运行内容

(1) 生态城市功能。生态城市的功能主要包括生产功能、流通功能、服务功能和集聚功能。

生产功能是指城市主体产业及企业为城市提供各种各样的产品的过程，生产功能是城市最基本的功能，决定着城市的生存和发展。

流通功能是指城市不仅是生产和消费的集聚地，同时还是生产要素流通的集聚地，对各类生产要素进行吸纳和辐射，对各类消费品的传递、转接等。

服务功能是指为城市生产流通、经济运行和社会发展服务的功能总和，是城市经济高效运行、协调发展的根本保证。

集聚功能是指由城市强大的服务功能而引发的产业在地理上、空间上的集聚效应，是形成现代城市竞争力的重要条件。

（2）四大生态流。生态城市是复杂的开放系统，通过物质、能量、人口、信息的流动与转化将城市的生产与生活、资源与环境、时间与空间、结构与功能等，以人为中心串联起来。生态城市的生产与再生产是在生态城市复合系统内进行的，是物质流、能量流、人口流和信息流的不断交换和融合，达到物质循环、能量流动、人口变动、信息传递，而生态城市的运动和发展，要通过这些生态流的运动来体现。

① 物质流。物质流是指物质在时空上所发生的输入、转化、输出以及循环运动过程的总称，即：物质资料从供应者到需要者最后排出生态系统的物理性流动。物质流包括自然物质流、物质产品流和废弃物质流。城市生态系统为了维持其自身的生存和发展，必须不断地从环境中输入物质，包括自然界原有的物质（如空气、水、无机元素等）和物质产品，作为生产资料和生活资料，经过加工后，不断地向外界输出物质，包括各种产品和废弃物。

自然物质流主要是指空气和水的流动，是自然力推动的生态流。城市是一个庞大的有机体，每天输入、输出的自然物质数量巨大、状态不稳定，由于自然物流动速度和强度直接影响到城市的生产、生活，对环境质量形成巨大的影响。城市的空气通过动植物及人的呼吸、微生物的分解和城市生产消耗，部分氧气被消耗，而二氧化碳和各种污染源产生的废气及颗粒物被排入城市大气中，然后被输送到外部环境，新鲜空气从外部输入城市，进行循环。

经济物质流指的是沿着投入—产出链或生产—消费链，流通着的各种物质产品，它们是取之于自然界并经人类劳动加工过的物质，是使用价值在城市系统中的流通和流动，是城市物质流中最重要的组成部分。在城市生态系统内部，输入的生产资料经过城市生产、加工、转换，一部分成为物质产品提供给人类社会，剩余的以废物的形式输出；输入的生活资料经过城市人口的消耗吸收，一部分维持生命，另一部分作为废物输出。

生态城市的物质流必须以不给自然界造成污染为前提，综合考虑物质投入产出的性质和代谢水平，既要节约原料和能源，净化环境，又要将废弃物资源化，变废为宝，取得经济效益和生态效益的协调持续发展。实现环境保护和生态平衡的“双赢”。

② 能量流。能量流是指各种形态的能量在系统内部和其他系统之间的流

动状况。城市生态系统要维持其生产功能和消费功能，就必须不断地从外界输入能量，经过采掘部门、能源部门和运输部门等，通过社会再生产的生产、交换、分配和消费等各个环节，借助将原始能量转化为使用能量的技术手段，转化为另一种使用形式的能量，供城市消耗，为生产与生活服务。

外界输入能量主要包括：从自然界直接获取的能量，如煤、石油、天然气、太阳能、生物能、水力、核能、风能等；经过加工或转化，便于输送、贮存和使用的能量，如电力、柴油、液化气等；存在于产品中或投入到所创造的环境中的能量形式，如抽水机把机械能变为水的势能、日光灯把光能投入到所创造的明亮中，最终变为热量耗散掉的能量。

一般来说，城市的能量流是随着物质流的流动而逐渐转化和消耗的，是城市发展与运行的基础。生态城市能量流有以下特点：一是能量流是单向流动的，也就是它的不可逆性，能量流既不能被创造，也不能被消灭，只能以一种形式转化为另一种形式，不同的能量形式可以相互转化。二是能量流的耗散性，即在流动过程中是逐级锐减的，能量传递是以耗散的状态进行的，如果没有新能量的投入，原有的能量直至以废热的形式全部散失为止。三是能量传递符合金字塔规律，即生态城市系统中，能量的流动是由低质能量向高质能量转化以及消耗高质能量的。

生态城市的能量流要做到节约使用能量，高效利用能量，减少一切不必要的浪费和过度使用能量。要做到这一点，一是必须利用高新技术，在采掘、运输、能源等部门提高效率，保证能量的高效转化；二是培养公众的生态意识，加大节能宣传力度，做到节约能源。

③ 信息流。信息是人们在适应外部世界，并且在这种适应为外部世界所感受到的过程中，同外部世界进行交换的内容和名称。其本质是系统各组成成分之间以及系统与外界之间的联系。人类的活动是一个客观的物质运动过程，同时又是一个信息的获取、存储、加工、传递和转化的过程。所谓信息流就是以物质和能量为载体、通过物质和能量转换实现信息的获取、存储、加工、传递和转化的过程。

城市是一个信息高度集中的区域，城市系统中任何运动都会产生一定的信息，各种“流”也会产生各种信息。因此，信息流也是作为城市系统的主体—人对系统的各种“流”的状态的认识、加工、传递和控制的过程。

信息流具有消耗性、非守恒性、累积效果性、强时效性等特点。几千年来，城市生态系统消耗了大量的物质和能量，却留下了丰富的信息。信息技术的每一次突破，都会推动人类社会特别是城市生态系统更趋于有序，但无组织信息或失去控制的信息却带给城市一种污染。

生态城市的生态系统是一个有着自我调节、自我学习、自我组织及反馈功能的信息集合体。城市中的各种信息，例如：政治信息、经济信息、社会信息、文化信息、环境信息等，通过各种媒介将城市的各要素连成一个整体。曾经我们一度重视社会经济信息的获取、传递和反馈，而忽视了环境变化和资源变化的自然信息，从而产生了无偿地掠夺开发自然资源以及污染环境等一系列严重后果。生态城市的建设不仅要重视经济、社会、政治等信息的管理和应用，还要有效地加强环境信息和文化信息的管理和调控。信息流可以调节物质、能量和人口等各种流，达成城市生态系统与外界环境的交换，保证城市生态系统各组分间及系统与外界之间的联系，进而组织起城市复杂的生产和生活活动。同时生态城市建设要加强信息建设，信息承载量的大小和传递速度的快慢反映了城市生态系统的开放程度。

④ 人口流。人口流是实现城市内物质交换、能量传递和信息交流等的特殊的流动方式，包括时间上和空间上的变化，时间上的人口流动主要体现在以出生、死亡的形式，人口的自然增长和机械增长上；空间上人口流体现在城市内部的人口流动和城市与相邻系统之间的人口流动。人口流不仅促进城市文化交流，缩小城市间文化差异，还扩充了城市的人才市场，加强了市场的竞争机制，使城市生态系统富有生机。但是，过度密集的人口流也同时给城市生态系统带来了一系列的城市生态问题，如交通拥挤、住房紧张、环境污染、生态破坏等。因此，调节生态城市系统中的人口流协调发展是一项重要的工作。

在可持续发展的生态城市系统中，物质流、能量流、人口流、信息流融通汇合。其中，物质流和能量流是物质基础，体现物质与能量的流动的有效性，并使系统变化和发展，信息流是生态城市运行中的主导因素，通过信息流控制和调节这些“流”的速度、流量和方式，使之符合可持续发展的要求。总之，这些生态流之间相互联系，相互作用，推动着生态城市系统的不断运动和发展。如图 4-2 所示。

各种生态流相互交织，并行运行，其中任何一种生态流阻塞或失控，都将导致系统功能不能正常发挥而失调。在传统工业城市中，各种生态流在生态关系网络上是不完善的，尤其是物质流、能量流运转依赖大量的不可再生资源及外部系统的支持，加上在高强度的生态流运转中伴随着的“浪费”“滞留”，运

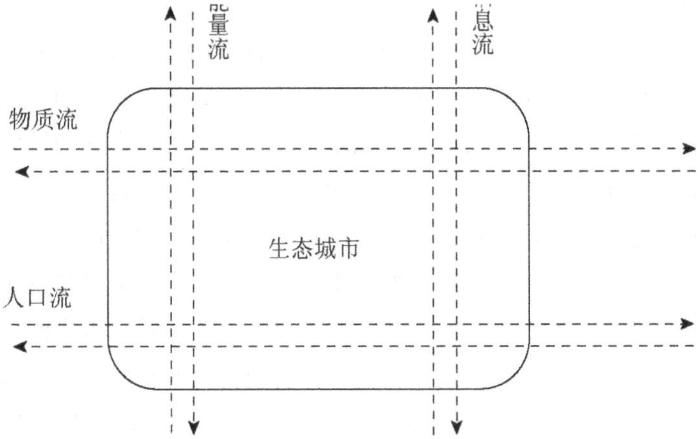

图 4-2　生态城市生态流关系图

Fig. 4-2　Relation of ecological flow of eco-city

行的生态效率极低，是一种物质流、能量流占主体的“数量型”运行模式。在生态城市中，各种生态流形成类似“食物链”“食物网”的生态关系，与外界进行的生态流的输入与输出是建立在平等、协调的基础上，物质流、能量流的主体是可循环再生资源，并最大限度地实现自我循环，减少了对外界的“掠夺”和对不可再生资源的依赖。信息流取代物质流、能量流成为最活跃的“主流”，人口流也具有较高的素质、智力结构。生态城市运行不仅重视生态流的流量，更重视其质量即运转的效能、效率，即生态城市各种生态流运转有极高的生态效率，是一种信息占主体的“质量型”运行模式。

生态城市的运行构成了生态城市的发展，生态城市的发展促进着生态城市的运行，显示生态城市强大的生命力。有序、高效地运行是生态城市得以维持和发展的根本保证。

2. 生态城市运行结构

城市生态系统的各组成要素，我们将其称为生态元，是系统运行结构的基本功能单元。各生态元之间通过相互联系、相互作用，行使着支持、生产、消费和还原的功能，形成了一个完整的系统。城市生态系统的生态元之间的联结，构成了一种链状的运行结构，链与链之间又耦合成为网状结构，最后由链与网、网与网之间相互作用耦合成为具有一定时间特性的复杂的立体网络结构。因此，城市生态系统的运行结构是由元—链—网耦合而成的复杂运行体系

（王飞儿，2004）。

（1）城市生态系统链状运行结构。链状运行结构是城市生态系统各生态元的直接耦合，体现着系统内各生态元之间物质流动、能量转化和信息传递等关系，它是城市生态系统运行的基础。城市生态系统中的生态元的链状联结方式同自然生态系统生态元的链状联结方式相类似，是系统运行的最基本结构。

在自然生态系统中，食物链和食物网是生态系统正常发展的基础，也是物质能量信息传递的唯一渠道，而在城市生态系统中，食物链只是将作为消费者的人类和城市动物、城市食品联系在一起，是城市生态系统组成的一部分，城市中更多的要素是通过一种投入产出链或称价值链的有机联系在一起的，通过这个链条，将生态支持系统中的各种资源经过人类的劳动、生产、技术等手段，进入生产消费系统转化为可供直接消费的产品，再通过消费，将产品或副产品（废物）回归到生态支持系统中去。

城市生态系统的链状结构由两条链组成，即一条主链和一条副链。广域环境和市区环境的各类资源经过人类的初步加工，生产出一系列的中间产品，再经深度加工成为最终的产品，而这些产品最终又回到广域环境和市区环境，构成了城市生态系统的运行主链；而物质和能源等在转变为中间产品，中间产品转变为最终产品的过程中都会产生一定量的废弃物。经过重复和综合利用后，有价值的废弃物返还主链，或被排泄到市区环境和广域环境，则形成了副链。

城市生态系统的价值链特征总结如下：

① 价值链是城市生态系统物质、能量、信息流动的渠道。在城市生态系统中，人类的一切活动无不是围绕着价值来进行的。产品、原料或服务在各个环节上的流动，尽管是以物质或能量的形式表现出来，但在本质上却是价值的流动，由此形成了各种各样的价值流。

② 价值积累。价值流的每一个环节，都会通过人类劳动创造出新的价值，这些新价值除了一部分被创造者本人获得并消耗掉外，一部分附加在产品上传递到下一个环节中，从而形成价值积累。

③ 价值损耗律。人类生产活动创造的价值不可以完全被传递，在价值流的每一个环节，必然有一部分价值用于该环节的自身消耗，而各级别的消费环节也不可能全部利用前一级的价值量，总有一部分会在价值流动的过程中损耗。

（2）城市生态系统网状运行结构。城市生态系统在其结构的发展过程中，也会使各种价值链进一步相互联结，形成有新的内容的链状结构，最终使各个链状结构组合成错综复杂的城市生态系统网络结构，使城市生态系统的各个要素成为一个互相联系、相互制约的有机整体。

城市生态系统的网络耦合结构是由城市物理网络、城市经济网络和城市社会网络交织而构成的错综复杂的复合网络体系。城市物理网络包括自然网络和人工网络，如水网、交通网、基础设施网等，它们是城市各种生态流流动的主要渠道；城市经济网络中最重要的是由生产、流通、消费、还原等环节组成的网络体系，发挥着城市生产、消费、还原功能；城市社会网络中最重要的由社会体制、行政组织等自上而下构成的组织网络体系，由其调控资源、资金、人力、物力等分配组合过程，调控整个系统的持续稳定发展过程。城市生态系统的网络结构作为一种复杂的网络体系，具有以下一些特点：

① 城市生态系统的网络结构是自然网和人工网的结合。城市中特殊的地形、地貌、水文等构成了城市生态系统特殊的自然运行网络，如水网、山系等。在此基础上构筑了城市各种生态流的主要渠道——交通网，起着主动脉和发展轴作用的交通网制约着城市中工业、农业、商业、居住区布局和城市基础设施建设，于是，形成了具有特色的社会经济网络。此外，人的社会关系（特别是生产关系）对城市生态系统网络的形成起着非常关键的作用。在城市中人类的社会关系的任何变动，例如对城市土地、矿藏、房地产、水泥、原料以及建筑企业、工矿企业的所有权和使用权的任何变动，以及城市经济管理体制的任何变动等，都会对上述网络中的人口、能源、原料、环境、卫生、食品、教育、就业和经济发展等各环节及其相互关系发生重大的影响和作用，由此形成更加复杂的城市生态系统网络结构。因此，城市生态系统复杂的网络结构是人工网和自然网相结合的产物。

② 城市生态系统是一种多维的立体网络结构。城市生态系统中其复合结构的形成和演化过程中，各类生态链状耦合结构会进一步按照因果关系耦合成为新的、更为复杂的链状结构或网状结构，最终交织耦合成为错综复杂的多维立体网络结构，如高层建筑、低层建筑、地下建筑的空间分布，输送各种生物流的线路、管道、道路在空中、地面和地下的纵横交错，各种生态流在多维立体网络中的流动、转化、传递和循环等，构成了一个立体的城市网络体系。

③ 城市生态网络的运行动力是生态位势差。每个生态元在生态系统中都占据一定的生态位，由此具有了生态位势。不同生态元由于在质和量方面存在着差异，导致相互之间产生生态位势差，从而形成一定范围的力场，在梯度力的作用下引起生态流沿生态网络流动。故生态流产生的三个条件是：作为源与

汇的生态元、生态位势场梯度差异产生的作用力与作为连通渠道的生态网。城市发展过程中也存在着显著的生态位，这种生态位的存在促使城市人口流、物质流、信息流、能量流产生流动。

3. 生态城市运行规律

生态城市有着它自身的、不同于其他事物的发展运动规律。这是由其特定的结构决定的。

生态城市这个社会—经济—自然复合系统是以一定的空间地域为基础的，它隶属于更大范围的系统，并不断与之进行信息、物质、能量等多种“流”的交换，是一种开放系统。生态城市各子系统之间不是简单的因果链式关系，而是相互制约、互相推动、错综复杂的非线性关系。生态城市的运行并不是静态的平衡、绝对的平衡，而是动态的平衡、相对的平衡，即非平衡—平衡—非平衡—新的平衡的过程，而且在这个过程中，“作用力”与“反作用力”保持在可承受的时空范围（生态稳定阈值或门槛）内波动，这种过程从局部、短期来看是动荡的、不平衡的，但从整体、长期来看，是一种“发展过程的稳定性”（王如松，1990），亦即运行的稳定性（如图4-3所示）。这是生态城市运行的本质特征，过程的稳定比暂时的平衡更有生命力。

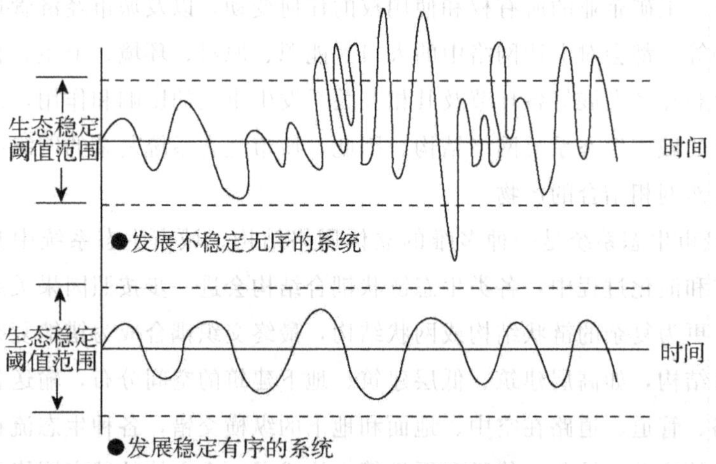

图 4-3 不同系统运行规律图比较

Fig. 4-3 The operation law of different system

生态城市运行的稳定性是以其各子系统发展、“协调作用”为基础的，表现为各系统结构合理、比例恰当且相互间发展协调。由于各子系统协调有序地运转，旧的平衡被打破，通过正负反馈的交互作用，新的平衡随即形成，使生态城市总是在非平衡中去求得平衡，形成自组织的动态平衡，从而保持持续稳定的状态，推动其螺旋式良性协调发展。

4.4　生态城市的系统模型

从另一角度来讲，生态城市的建设就是城市的生态化过程；更严格地讲，就是城市的各组成部分的协调、平衡的生态化过程。因此，城市生态化决定于政治、经济、社会、文化和环境等五个方面的因素的协同作用。按照系统论的最基本的思想“系统整体大于部分之和”，城市作为一个系统也具有这一基本属性。城市的政治生活、经济生活、社会生活、文化生活、物质环境等各个方面作为城市系统的组成部分，它们之间存在复杂的、内在的有机联系和相互制约性。任何一个“部分”的变化和发展，都会受制于并影响其他“部分”，都会引起城市整体系统的变化和发展。当城市的这种整体关系处于相对稳定的状态时，城市系统才能正常运行，而这种关系一旦失调或发生急剧的变化，城市系统也就失去了平衡，就会出现种种城市问题。因此对城市问题的解决，不能头痛医头，脚痛医脚，而必须遵循整体性、综合性和协调性原则。事实证明，孤立地解决一个方面的问题或强调发展一个方面而不顾其他方面的发展，往往会陷入被动的境地和矛盾的怪圈。

因此，只强调城市局部的生态化并不是生态城市，也不可能建立生态城市。例如，社会的稳定发展需要经济发展作为基础和保障，反过来社会的稳定发展有利于经济的健康发展；城市环境的治理不仅仅限于对污染进行技术上的处理，还应该包括城市政策的健全、城市文化的培育等方面。总之，城市的每一个方面都与其他方面存在着不可分割的联系，相互之间协调统一构成一个有机整体，共同形成完整的城市功能。

生态城市的发展取决于不同时期、不同条件下五个方面各自的作用状态和协同作用状态，也就是说生态城市的发展是五方面协同的函数，而具体的调控途径和规则就是通过城市空间结构的生态化和城市功能群的生态化。基于以上认识和规律规则原理，本书提出“五位一体”生态城市模型，即生态城市的规划建设要在城市政治生态化、城市社会生态化、城市经济生态化、城市文化生态化和城市环境生态化等五方面的协同作用下，达到政治民主、经济高效、社会和谐、文化创新、环境健康的标准，最终实现城市整体生态化的调控目标，用概念模型表示如下：

$$C=f\ (Po,\ Ec,\ So,\ Cu,\ En,\ t)$$

式中：

C——eco-city，生态城市；

Po——politics，政治生态化：包括政治理念、行政效率、法律制度，政府工作效率、工作作风、参与政治情况等；

Ec——economy，经济生态化：包括城市经济，包括经济发展空间、产业布局、经济总量和发展速度、三次产业结构和产业内部结构等；

So——society，社会生态化：包括社会空间、人口、社会保障、教育、医疗、交通以及人居环境等；

Cu——culture，文化生态化：包括公众的伦理道德观、消费观念、文化制度、文化产业等；

En——environment，环境生态化：包括城市环境，包括城市环境生态空间、环境质量、环境容量、污染治理能力和生物多样性等；

t——时间因素，随着时间的推移，城市生态系统结构和功能都会不断变化，城市生态化程度也会随之变化。

城市生态经济、城市生态政治、城市生态文化、城市生态环境和城市生态社会这五个方面相互作用、相互协调，共同统一于生态城市建设之中，城市在这五个层面的联合作用下实现了整体的生态化，实现生态城市的转变。

4.4.1 经济生态化

经济是基础，政治、文化等一切活动都是建立在经济基础之上，但同时又影响着经济活动。经济生态化与政治、社会、文化、环境生态化密切相关。经济生态化就是要实现生态经济，它是一种可持续发展的经济，是一种有利于地球的经济（莱斯特·R. 布朗，1980）。生态经济学认为：在任何物质生产活动中都存在着自然再生产和经济再生的相互制约和相互影响的作用，其中，自然再生产是经济再生产的基础与前提条件。当前经济取得了极大的发展，创造了巨大的物质财富，推动了社会的快速发展，但同时也带来了自然资源的过度消耗，生态环境被严重破坏的现实。发达国家曾经或正在走的“先污染，后治理”的老路不能再继续走，我们必须开拓一条“源头控制，走可持续发展”的道路，也就是实现经济生态化。

经济生态化的核心就是在实现经营理念和生产方式转变，调整经济结构，实现产业结构的进一步优化，以技术密集型产业代替劳动密集型、资源密集型产业，以产品品质竞争替代产品数量竞争，推进循环经济建设，实现经济效益、社会效益、环境效益、生态效益的“多赢”。经济生态化主要包括：工业生态化、农业生态化、第三产业生态化、发展高新技术、生态技术等层面。

(1) 工业生态化。以市场为导向，以企业、工业园区为主体，以提高科技水平为依托，用生态经济学规律及循环经济方法把经济活动组织成一个“资源—产品—再生资源”的反馈流程，实现低消耗、高利用、低排放，最大限度地利用资源，提高其使用率。工业生态化重点做好：工业布局的优化与调整；推进循环经济的发展；引导传统产业和企业的生态化改造；推动集群经济的发展；推广绿色能源的使用，实施绿色能源战略、废物资源化战略等。

(2) 农业生态化。运用生态经济学原理，以市场为导向，不断优化农业内部结构，改善农业基础设施，培育与建设生态种植业、养殖业或无公害绿色菜篮子工程、高档次的园艺业，高科技含量的加工业及活跃的流通产业，逐步形成具有地方特色的优质、高效及无公害农副产品系列与品牌。通过种地与养地相结合，充分利用和保护农业资源，使资源利用、环境保护与经济增长形成良性循环，不断提高农业的可持续发展能力。生态农业建设内容主要包括：优化农业结构，大力发展经济效益较高且对环境影响较小的特色农业和经济作物，重点发展一些农产品精加工项目；改善农业基础设施建设，加强农田基本建设工程；建设绿色食品基地，促进农业产业结构向绿色化、产业化、标准化方向发展；改善农业生态环境质量状况，大幅度提高农业资源利用效率；推进林业生态体系建设，构建稳定的林业生态系统等。

(3) 第三产业生态化。以提高资源利用效率为核心，加快传统第三产业的生态化改造，积极发展以绿色物流业、生态旅游业、绿色饭店、环境服务业等为主要内容的新兴第三产业，优化生态服务业产业结构，增强生态服务业的竞争能力。主要建设内容包括：一是发展生态旅游，结合地方特色的生态环境优势，发展以回归自然、认识自然、热爱自然、保护自然、陶冶情操为主要内容的生态旅游业，使生态旅游成为旅游业的龙头，成为地方国民经济的重要支柱产业。二是建设生态物流业，培育一批具有市场竞争能力、经营规模合理、技术装备水平高、注重资源与环境、生态效益优势的生态物流企业，最大限度地降低物流中的能耗和货损，推进物流经营的绿色化。三是建设生态服务业，运用安全、健康、环保的理念，坚持绿色管理、绿色消费、绿色运行的方针，创建绿色餐饮、绿色商场、绿色机关等；建立以资金融通、技术咨询、信息服务、人才培训等为主要内容的服务体系。

4.4.2 政治生态化

我国正处于市场经济初级阶段，政治体制改革也逐步展开，传统的政治体制、政治理念、民主法制程度等一系列上层建筑正在发生着重大变化，正在朝着生态化方向发展，这也是今后一段时间内政治建设的一个重要任务。

政治生态化的主要内容包括：

(1) 政治理论生态化，即政治学理论借助生态理念，建构起生态化的政治理论，要求政治活动必须从全人类的生存利益出发，超出阶级、民族、种族、国家的界限，建立国际政治经济新秩序，推动人类社会的可持续发展。

(2) 执政理念生态化，转变施政观念，放弃政治中心主义和政治独尊主义，融政治于社会，实现政治社会化，以社会为服务对象，满足社会发展对于政治支持的要求，为社会发展创造良好的生态政治环境。

(3) 加快政治体制改革，将生态政治核算机制纳入政治决策和制度创新的经常化规范之中，借以判断政治决策与制度创新的政治生态效益。

(4) 加快以民主为主旨的生态政治建设，构建起以人民、社会组织为监督主体的政府行为监督和制约机制等。

4.4.3 环境生态化

环境包括自然环境与人工生态环境，所谓人工生态环境就是社会经济以及沟通自然、社会、经济的各种人工设施与上层建筑共同体。环境生态化就是人与环境的和谐，是人类与环境相互作用中最本质的内在联系，也是人类与环境相互作用中的核心规律。环境生态化就是实现人与环境从适应生存，到环境安全，到环境健康，到环境舒适，最后再到环境欣赏的过程，这五个层次在和谐程度上是逐级递增的。

目前，大多数城市的人与环境的和谐程度处于环境安全与环境健康之间。现在人类面对的城市环境安全检查主要是人类发展过程中产生的人为灾害，如环境公害、战争、核安全、生物安全等威胁人类的生存安全。环境健康也面临着严重挑战，主要表现在环境质量问题，其中，环境污染是直接影响环境质量和人类健康的，而人为造成的污染是目前环境污染的主要原因。当前，环境污染造成环境质量下降、环境系统功能削弱和丧失，严重危及人类的身体健康，破坏和损伤人与环境之间的和谐。

环境生态化内容主要包括：

(1) 城市环境要素的生态规划与污染控制，主要是指城市水环境、大气环境、噪声环境以及同体废弃物环境的管理。

(2) 城市景观生态建设，在尊重自然、尊重人性、尊重文化的基础上，克服趋同化、一般化，体现城市个性和特色。

(3) 城市生物多样性保护，生物多样性的保护包括遗传多样性、物种多样性、生态系统多样性以及景观多样性的保护，生物多样性保护不仅是建立各种保护区，而且要从制度、意识和技术上给予支持。

(4) 城市资源能源集约利用，包括水资源的节约利用，限制高耗水工业项目的发展，提高工业用水的重复利用率。

(5) 土地资源的保护，保证农业用地、城市建设用地和生态用地的“动态平衡”及能源的合理开发，开发可再生新能源，不断提高清洁能源在能源消耗总量中的比重，努力减少煤炭的消耗总量，降低工业产品的单位能耗；加强城市园林、道路绿化等。

4.4.4　社会生态化

人类社会正处于工业社会向生态社会过渡的重要转型期，与此相对应，生态文明正在逐渐地取代工业文明，城市社会生态化是生态城市建设的最终目标。社会生态化体现在人与人之间的和谐、人与自然之间的和谐，体现于全新的发展观、幸福观、生产观、消费观等影响人类思维方式、行为模式和生活方式的观念之中（张鸿雁，2002）。

社会生态化主要包括：

(1) 构建生态交通体系。城市交通生态系统是城市功能的子系统之一。在生态城市建设中，有必要构建与生态城市相匹配的健康、安全、高效、舒适的循环体系——生态交通体系。

(2) 构建生态人居环境。在宏观层面上构建经济、高效的人居生态格局，提出合理的开发时序，实施人居组团生态规划和人居环境功能提升。

(3) 社区的建设，对各片区的社区现状进行评估分档，并提出了各档社区生态建设的方向，统筹规划各密度居住类型的社区布局，优化社区公共空间；在微观层面加强生态型住宅建设。

(4) 加强城市基础设施建设，基础设施作为城市社会经济活动的空间物质载体，既为物质生产又为人民生活提供一般条件的公共设施，是城市赖以生存和发展的基础。它不仅反映出城市的综合实力和竞争力，还反映出城市居民的生活质量和社会福利水平。因此，要加强教育、医疗、体育、文化等设施的建设。

4.4.5 文化生态化

文化具有二重性，它既是人类生存发展中所创造的物质和精神财富的总和，又对人类自身的生存和发展产生巨大的影响。因此，人类的生存发展离不开良好的自然生态，人类和自然的和谐发展，同样也离不开良好的生态文化。随着城市的发展而出现的各种社会危机和生态危机，传统文化逐渐在改变。尤其是近年来的生态化潮流在逐渐扩大，生态化已经融入了传统文化，人们已经开始有意识地效仿自然界的智慧，将生态学的规律应用于社会发展，融入伦理道德，规范自己的行为方式。人们已经开始将其当成一种生产方式，一种生活选择，一种价值标准，标志着传统文化已经走向了尽头，一次生态文化革命即将掀起。

文化生态化就是从传统的工业文明时代向生态文明时代的转变，生态文化教育即将成为一种新的文化标准。生态文化就是从人统治自然的文化过渡到人与自然和谐的文化。这是人的价值观念根本的转变，这种转变解决了人类中心主义价值取向过渡到人与自然和谐发展的价值取向。生态文化重要的特点在于用生态学的基本观点去观察现实事物，解释现实社会，处理现实问题，运用科学的态度去认识生态学的研究途径和基本观点，建立科学的生态思维理论。

文化生态化的主要内容有：

(1) 传统价值观到生态价值观的转变。价值观是人们行动的主导，有什么样的价值观就会有什么样的行为，传统的价值观认为：凡是没有劳动参与的东西或者不能交易的东西，都是没有价值的。因此，环境资源没有价值。而在现实中造成环境污染、生态破坏和资源枯竭，阻碍和制约了经济社会可持续发展。生态价值观认为：无论从功效论、财富论或地租论上来分析，环境资源是有价值的。因此，生态城市建设必须建立在生态价值观的基础上。

(2) 构建节约型消费模式。改变传统的消费模式，构建生态消费模式，生态消费是一种适度消费，是一种可持续性的消费模式，是一种全面消费，是当代人类应该选择也必须选择的消费模式，唯有这种消费模式，生态城市建设才能协调可持续发展。

(3) 构建绿色生活方式。生态环境的恶化促使人类必须选择一种与环境承载力相适应的生活方式——绿色生活方式。绿色生活方式是可持续发展在社会生活中的具体体现。这种生活方式是既能满足当代人生活的需求，又不危及后代人满足其需求的各种生活方式的总和，是一种文明、健康、科学的生活方式。

(4) 建设传承与创新的融合文化。重视历史文化的延续性，民俗和传统文化传承历史，城市文化历史的经营；拥有强有力的创新文化，允许不同背景的语言、习俗和伦理相互交流。

(5) 保持城市个性化的文化。人文意蕴的设计要基于区域的禀赋特质，包括历史地理层面、自然生态层面、区域行政层面。

(6) 重视科教普及。科教作为基础性力量长期发挥作用，通过科教的普及发展，全面提高城市居民素质，高素质的人力资本是城市可持续发展的核心，提高人口素质本身也是发展的目标。

4.5　生态城市的创建标准

生态城市是一个复合的巨系统，受到政治、社会、经济、文化、环境等规律的联合作用，规律之间相互制约、相互补充，共同支撑着生态城市这一复合系统的协调、持续运行。生态城市不是追求某一系统的单一绩效，而是整体综合功能的最佳，即生态城市建设的目标就是实现复合系统的协调，使居民在其中幸福而安全地生活，达到人—自然的和谐与持续发展。因此，按照“五位一体”的生态城市系统理论，生态城市的创建标准应从政治、经济、社会、文化和环境“五位一体”的角度来共同确定，标准可分为五个分目标系统，即政治民主、经济高效、社会和谐、环境健康、文化创新。

4.5.1 生态政治标准——民主

（1）法律、法规体系完善，能够做到有法必依，执法必严，实现人治向法治的转变，人管转向制度管理。

（2）政治理念转变，政治工具主义占主导地位，即把政治作为一种实现人类社会进步和人类福祉的工具。

（3）政府决策理念的转变，尊重科学发展规律，把人民的利益、城市的发展放在首位。

（4）具有完善的决策制度，灵活、科学地运用多种决策方式，做到决策的科学、公正、公平、可持续相协调。

（5）社会管理能力高效有力，充分地利用现代管理理论与管理工具，特别是网络技术的应用，不断提高管理的范围、质量、数量。

（6）建立公众参与社会管理、重大事项决策的通道，培养公众参与行政、参与管理的积极性和习惯。

（7）干部队伍的政绩观的转变，以人民的利益为重，真正做到“权为民所用、情为民所系、利为民所谋”。

（8）健全的干部队伍管理体系，完善的干部激励机制、科学的干部选拔机制、人性化的干部任用机制、科学的干部考评体系等。

4.5.2 生态经济标准——高效

（1）经济增长方式由粗放外延型向集约内涵型转变，按照“3R”原则推进循环经济建设，即从减少资源消耗（Reduce）、增加资源的重复使用（Reuse）和资源的循环再生（Recycle）三方面，提高效益、节约资源、减少废物，保护与合理利用一切自然资源与能源，从而提高资源的再生和综合利用水平。

（2）知识产业成为产业结构的主体，智力将成为资源的主要开发方向，创造知识和智慧的价值，将成为经济增长和社会发展的主要推动力。

（3）建立生态化的工业体系，实行清洁生产，形成新的工业范式，以全过程控制的污染防治战略取代末端处理为主的污染防治战略。工业生产谋求合理利用资源，减少整个工业活动对人类和环境的风险，成为生态工业发展模式的主要内容。

(4) 建立既能支持整个社会的当前需要，又具备适应长期发展能力的农业生产体系。农业生产合理地利用太阳能、水、土、气象和农业资源，重视可更新资源的利用，更多地依靠生物措施来增进土壤肥力，减少石油能源的投入，在发展生产的同时，保护资源，改善环境，提高食物质量，实现农业的可持续发展。

(5) 能源结构多样化，综合利用多种能源。矿物燃料在能源结构中所占的比例越来越低，可再生清洁能源成为能源结构的主体，如太阳能、水能、风能、氢能等能源成为主要的能源形式。同时大力开发节能技术以及燃料和燃烧过程净化技术，提高能源利用率，降低能源消耗，减轻环境污染。

(6) 交通、通信、金融贸易等第三产业发展也遵循复合生态整体可持续发展原则，既要保护环境，又要提高社会综合服务水平和生活质量。

(7) 经济发展不仅重视数量增长，更追求质量的改善，不片面地追求经济的"指数增长"和"经济效益"，而是强调政治、社会、文化、环境与经济的协调发展，实现整体效益的最大化。

4.5.3　生态社会标准——和谐

(1) 人口规模与资源供求之间保持平衡，将人口增长率维持在经济和资源能承受的水平上，即人口再生产控制在当时当地自然资源和环境承载能力允许的范围内，人口密度及其分布合理。

(2) 人口结构优化，人口素质较高。知识在整个劳动中的比重越来越大，且占据主体。

(3) 满足人们在物质和精神文化上的各种生理和心理需求，人类自身发展、健康水平等与社会进步、经济发展相适应，人性得到充分的发展。

(4) 创造一个保障人人平等、自由，享有教育权和人权，免受暴力的社会环境，人与人、人与社会和谐发展，社会秩序安全稳定。

(5) 有健全的社会保障体系和服务体系，公共服务设施完善，综合服务能力高。公众在任何情况下都能安全、可靠地生活。

(6) 高效的生态交通体系，一方面，体现在道路系统的高效性。对外综合交通系统衔接紧密，四通八达，高效安全；城市市区交通设施完善，方便快捷；社区内交通宁静清洁，安全舒适。另一方面，还体现在改变传统交通的"高能耗"运行机制，提高交通相关的一切资源的利用率。

4.5.4 生态环境标准——健康

（1）具有健康的区域生态环境，自然山川、郊区林地、农业用地得到充分保护和合理利用。

（2）大气环境、水环境达到清洁标准，噪声得到有效控制，垃圾、废弃物的处理率和回收利用率高，排除任何超标的环境污染，环境卫生、空气新鲜、物理环境良好。

（3）生态园林绿地系统完善，从区域环境的自然基质出发，充分保护利用城乡所依托的区域大环境中的各种自然要素，形成城乡一体的生态绿地网络系统，大小公园布局合理，设施齐全，绿地的数量和质量满足需求。

（4）保护生物多样性及其生境，在城乡发展和开发过程中保护和发展本土植物、野生动物，特别是珍稀生物栖息、繁衍、觅食通道，保证城乡生物有良好的生境，促进物种多样化的发展。

（5）合理利用城乡土地，居住建设用地、农业用地、绿化用地、自然保护区等分布合理，城乡结构、布局形态、功能分区协调，实现城乡空间结构生态化和田园化。

（6）人工环境与自然环境相融合，自然、人文景观各要素间协调。街区、建筑及其环境布局、设计人性化、生态化，空间环境宜人、和谐。城乡风貌特色鲜明，与地域环境协调，并且有时代特色。

（7）城乡建筑突破传统的经济技术美学观念的局限，更注重社会和生态效果，生态建筑得到广泛应用。建筑及其设施与人、环境协调，不仅要求建筑使用的高效、舒适和美观，而且要求有利于保护环境，实现节能、节地、节材和最大限度的循环使用。

4.5.5 生态文化标准——创新

（1）建立以“生态文化”为核心的新文化体系，倡导生态价值观、生态道德伦理、生态文明观渗透到政策、制度、生产、生活等一切领域。

（2）人们有自觉的生态意识，并指导日常的生活、工作。

（3）多元化的生活理念和方式，既考虑当代人，又考虑后代人；既考虑自己所在城市，又要考虑其他城市；既考虑人自身的利益，还要考虑自然环境。

（4）采用可持续的消费模式，实施文明消费，改善消费结构，提高消费效益，实现社会生活的“生态化”，建立一种与人类的生态安全、社会责任和精神价值相适应的健康的生活方式。

（5）保护和继承历史文化遗产并尊重居民的各种文化和生活特性，保持文化的多样性。

（6）具有勇于创新、敢于创新，不怕失败、宽容失败的社会文化氛围。

（7）充分考虑到人文环境可持续发展的需求，保护、继承、发扬文化传统的精华以及文化和景观特色。

上述标准反映了生态城市在生态经济、生态政治、生态社会、生态环境和生态文化等五方面的相互联系和相互制约的内容，反映了生态城市必须具备的主要条件。这些标准也反映了生态城市的建设目标，同时描绘出了生态城市的蓝图。

第5章　生态城市建设的动力机制

5.1　动力机制概述

“机制”一词来源于希腊文，其英文单词是“mechanism”，指的是机器的构造和运作原理[①]，即机器内部各组成部分之间相互联系，以及实现机器运转功能的原理及方法。后来，逐渐应用到其他领域，借指事物内在的工作方式，包括有关组成部分的相互关系，及各种变化的相互联系。

在医学和生物学科领域中，机制是表示生物有机体各种器官和组织如何有机地结合在一起，通过各自的变化和相互作用，产生特定的功能。

在经济学领域，机制是指经济组织或经济系统内部和外部各要素、各部分及各环节的相互推动、制约关系，以及组织或系统运作的原理，泛指某一经济现象解决的带有规律性的原理与方法。

本书中机制指的是体制的作用机理、作用过程及功能。所谓体制，是不同于机制的一个概念，体制是国家机关，企事业单位在机构设置、领导隶属关系和管理权限划分等方面的体系、制度、方法、形式等的总称。[②] 也可以理解成一定的社会群体，为了有效地实现一定的任务与目标，人为地建立起来的一套进行领导、管理、保证、监督活动的组织建制和工作制度体系，是一种人工社会工程系统，是随着时间、环境、人员的变动而变化。

城市化的动力机制，指的是推动城市化所必需的动力的产生机理，以及维持和改善这种作用机理的各种经济关系、组织制度等所构成的综合系统的总和（赵维良、纪晓岚，2007）。

---

① 辞海编辑委员会．辞海［Z］．上海：上海辞书出版社，1989：1408.

② 辞海编辑委员会．辞海［Z］．上海：上海辞书出版社，1989：257.

5.2　传统城市建设的动力机制

所谓传统城市建设的动力机制，就是指政府和居民等城市建设主体推进农村向城市转型和城市建设的动力源及其作用机理、过程和功能。动力源主要包括两个方面：一是内在动力，即城市建设的推力系统；二是外在动力，即城市建设的拉力系统。推力系统和拉力系统通过激励和约束共同作用，推动城市建设。

回顾我国城市化建设的发展历程，尽管影响城市建设的因素随着时代的变化经常发生一些变化，但总的概括其动力机制中推力系统是由经济推动力、人口能动力构成；拉力系统主要是由政府行政力、科技支撑力、制度调控力共同组成（如图 5-1 所示）。

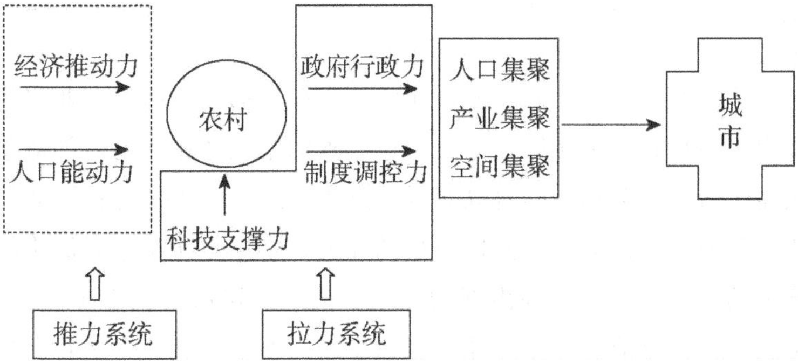

图 5-1　传统城市建设动力机制

Fig. 5-1　Dynamic mechanism of the traditional city construction

5.2.1　经济推动力

“城市化—经济增长加速—就业机会增长—城市化水平提高，是城市化良性发展的必由之路，其中，经济增长速度是决定城市化进程的关键因素”（王学真、郭剑雄，2002）。经济学家保罗·贝洛克从经济总量增长与城市化的相关关系，钱纳里从人均 GNP 与城市化水平之间的关系，库兹涅茨从产业结构高级化与城市化之间的数量关系等方面的研究表明，经济因素是推动城市化的主要动力。美国的城市化实践证明：近百年来，美国城市发展与经济增长之间呈现一种非常显著的正相关，经济发展程度与城市化阶段之间有很大的一致性（E. E. Lampard，1998）。概括地说，我们又可以把从经济角度对城市化动力机制的探讨分解为以下几个方面：

（1）工业化的推动。许多国家的城市化历史表明，城市化是随着工业化的发展而快速发展，工业化是城市化的“发动机”。狭义的工业化强调的是要素的聚集，而资金、人力、资源和技术等生产要素在有限空间上的高度组合必然推动城市（镇）的形成和发展；广义的工业化指的是“发展”或“现代化”，它除了产业（尤其是工业）的空间聚集，还涉及产业结构的调整和演进、人民物质文化生活水平的提高等，这一切又都改变着城市的形态、速率和规模，进而影响城市化的发展过程。研究结果表明，工业化的起步期，国民经济实力相对较低，城市化率以平缓的态势上升；在工业化的扩张期，工业和国民经济进入加速发展，实力迅速增强的时期，城市化率以较快的速度向上攀升（工业化和城市化协调发展研究课题组，2002）。改革开放前、后的城市化过程，强有力地说明这一点。

（2）第三产业的发展。现代城市化的过程就是第二和第三产业聚集行为所进行的过程，而只有发生在第一、二产业之外的第三产业才明显创造新的就业机会，从而吸引外来劳动力，加快城市化人口的增长（陈爱民，2003）。在现代条件下，随着整个社会生产流通容量的加大，市场交换频率的加快必然促使企业对城市的生产性服务业提出新的要求。同时，城市居民由于收入的增加，生活水平的提高，对消费性服务业也提出了新的要求。此外，随着世界经济的国际化，跨国公司资本向发展中国家的输出，以及由制造业的国际扩散所带来的服务业的国际扩散，全球金融网络的出现等，都加速了城市第三产业的发展。第三产业的迅猛发展又赋予城市新的活力，使城市化进入更高层次。近些年来，在中国特大城市和沿海发达地区的城市中，随着工业化后期特征的显现，第三产业开始成为城市化的后续动力。

（3）比较利益的驱动。主要表现在两方面：一方面，从产业间的比较利益而言，农业相对于二、三产业是一种比较利益较低的弱质产业。在非农业部门外在拉力和农业部门内在推力的双重作用下，农业内部的资本、劳动力等生产要素必然流向非农业部门。著名的配第一克拉克法则描述了随着经济发展，在比较利益驱动之下，劳动力在三次产业之间的转移。在实践过程中，伴随着各种生产要素由分散到集中、由农村向城市（镇）的转移，产业结构也表现为由农业向非农业、由传统产业向现代产业、由劳动密集型产业向知识技术密集型产业的转换，这一过程与城市化的推进过程紧密相关。同时，随着城市第三产业的大力发展，城市化必将进一步在比较利益的驱动之下表现出加速趋势。另一方面，城乡之间的比较利益而言，城市在二、三产业大力发展所带来的规模经济效益和聚集经济效益的作用之下，必将表现出巨大的利益吸引拉力；而农村相对贫困的加剧和大量剩余劳动力的存在所形成的巨大推力，这种城乡之间的相互作用必然导致各种要素聚向城市，它是城市化发展的基本动力。我国改革开放以来的城市化过程，已强有力地证明了这一点。

5.2.2　政府的行政力

中国城市化的进程表明，政府行政手段是推动我国城市化的重要力量，对城市化进程有较大影响的行政手段主要有：

(1) 户籍管理制度。户籍管理制度是国家有关机关依法收集、确认、登记有关公民年龄、身份、住址等公民人口基本信息的法律制度，是国家对人口实行有效管理的一种必要手段。自 1958 年《中华人民共和国户口登记条例》颁布后，国家又先后颁布了一系列配套措施，形成了我国计划经济模式下一套较完整的户籍管理制度。这种户籍管理制度从某种意义上已经演变为一种身份制度，它将农村和城市人口人为地分割为性质不同的农业人口与非农业人口，国家对这两种人的就业、教育、医疗、住房、社会保障等实行有差别的社会福利待遇，客观地造成农村人口与城市人口两个不同身份阶层。在这种制度下的我国户籍管理机关不仅进行户口登记，更重要的有限制户口迁移审批权。政府通过户口迁移制度、粮油供应制度、劳动用工制度、社会福利制度、教育制度等，造成了城乡人口的隔绝，严格地限制农村人口向城市和非农产业转移的政策，城市化原生机制中的城市的“拉力”和农村的“推力”未能充分体现和有机结合。

(2) 行政区划调整。行政区是我国重要的政治、经济单位。近几年来，我国行政区划调整变更事项主要包括大中城市的市辖区调整、撤地设市、政府驻地迁移、政区更名等内容，其中，市辖区调整和撤地设市事项占了 90%以上。科学、合理地调整行政区划，不仅有利于扩大经济发展的空间，促进产业结构合理化，加快城市化进程，而且也有利于政府机构改革，提高政府管理效率。但是，由于我国行政区划调整又是与行政级别的变动密切相关的，因此，在调整行政区划中往往导致盲目行为和主观随意性，这也会造成经济破坏，扭曲城市化水平和城市化进程。如在大城市市区行政区划调整中，确有个别地方追求机构升格、干部升级的问题。由于有这方面的利益驱动，在近年的直辖市和副省级市的撤县设区中，确实有个别可改可不改的县或城市化水平不高的县也改区了，造成区域管理的混乱。20 世纪 80 年代以来，我国的不少地方都是通过县改市和乡改镇等手段提高了城市化水平。

(3) 政府投资。从本质上讲，城市是便利人们从事生产、经营和生活的公共产品。城市基础设施和市政公用事业，具有极大的外部经济性，必须以政府投资为主。因此，政府投资对城市化进程有着重大的影响。按照福建有关城市化模型测算，基础设施投资与城市化率存在着密切的正相关关系，一般说来，基础设施投资每增加 1 个百分点，城市化率将增加1.156 个百分点。但考虑到近年来，我国城市基础设施投资各项资金来源的结构已发生明显的变化，政府财政资金投入逐年减少，目前大约只占 35%左右，而社会及外资投入资金不断上升，大约占 65%左右。因此，政府的城市基础设施投资每增加 1 个百分点，城市化率将增加 0.405 个百分点。

5.2.3 科技的推动力

科技对社会生产力发展有着重要的影响，而城市化离不开生产力水平的提高。因而，科技严重影响着一个国家和地区的城市化进程。如最初的产业革命和城市化发展就是由蒸汽机的发明而引发的；相应技术的出现，汽车工业的发展又导致了“城市郊区化”和“城市密集带”的出现；计算机的应用和普及则大大地强化了城市的服务功能，推动着整个城市化的过程。

随着科技的发展，其在经济生活、社会生活中的作用日益加大，深刻地促进产业集聚及产业结构的转换，影响城市化进程，可以说技术进步是城市化发展的原动力。先进的农业技术推动人口向城市转移；蒸汽机的发明，导致了产业革命的产生和城市化的飞速发展；而以汽车为代表的便捷的运输技术则对城市郊区化和城市密集带的出现，起着推波助澜的作用；发达的通信技术、计算机的应用则强化了城市的服务功能，加快了城市化的步伐。据统计，发达国家科学技术对城市经济增长的贡献，20 世纪初为 5%～20%，中叶为 50%～60%，到 90 年代为 60%～80%，科技进步对城市经济增长的贡献已明显地超过资本和劳动力。这一切都说明科技进步对城市化具有深厚的影响力和推动力。中国改革开放以来沿海地区城市化步伐的加快，也正是通过开辟经济特区和经济技术开发区，积极引进外资和新技术而实现的，这都反映了技术因素对城市化过程深厚的影响力和推动力（高云虹，2003）。

5.2.4　人口能动力

人口是城市化过程中最为能动的因素，它往往跟经济、制度、政策等因素交互作用推动城市化进程。配第—克拉克法则和刘易斯的人口流动模型就分别反映了劳动力在不同产业之间的转移和农业剩余劳动力向城市工业部门的流动，这一过程即伴随着工业化和城市化过程。城市内部的人口自然增长、农村—城市人口净迁移而产生的人口机械增长和城市行政地域的扩大或其划分标准的变更是城市化赖以实现的人口增长的主要来源。

中国的城市化进程在起步阶段，由于经济的发展及相应的政策影响国家对农村向城市（镇）的人口迁移未加限制，所以 1949 年至 1952 年，城市人口的年增长率为 7.5%，之后由于工业的大力发展，城市和城市人口的增加非常迅速。动荡阶段的城市化过程伴随着人口的大增和大减，表现出“大起”和“大落”的特征。改革开放以来中国的城市化进入到发展阶段，此时，乡村人口推力—城市人口拉力机制作用下的乡村人口迁移成为实现人口城市化的基本途径。在城乡经济体制改革的过程中，由于农业剩余劳动力的出现和城乡关系的变化使农民向城市尤其是大中城市集中，这种“离土又离乡”的迁移使其成为滞留在城市中心区或城乡接合部的流动人口群体。而且，虽然这部分人无城市户口，但是他们流入城市后从事着非农产业，因而导致了城市化实际水平的提高和城市化进程的加快。除了这种推拉力作用之下人口向大中城市的流动之外，改革开放以后中国农业剩余劳动力的转移还表现出“离土不离乡”的模式，即通过在农村大力发展乡镇企业而就地解决和吸纳大量的农业剩余人口，这也就是我们常说的农村工业化和农村城市（镇）化，从而使中国的城市化表现出新的特点。迄今为止，中国已有 1.2 亿多农业人口顺利地转向乡镇企业和小城市。但有学者认为，这种就地转移只是一种过渡转移，农业人口的职业转换最终导致空间迁移，分散的非农化应导致集中的城市化。

此外，人口的文化素质、思想意识和劳动技能等方面也会对城市化过程产生推动，一方面，是随着人们生活水平的逐渐提高和价值观念的不断变化，其居住区表现出向郊区迁移的趋势，从而对城市化过程产生重要的影响；另一方面，劳动力的素质、观念、技能等又会影响到区域经济的发展，进而影响其城市化过程。

总之，人口因素是城市化进程的又一显著动力。相关研究也表明城乡人口迁移骤升骤降的波动性，使城市化水平也出现相似的走向和趋势。迄今为止，1.5 亿多迁入城市的农村人口中大多数发生了居住地类型的变化和职业转变；改革开放以来人口的快速迁移，也推动了中国城市化进程的加速。

5.2.5 制度的调控力

新制度经济学认为，现实的人是在由现实的制度所赋予的制度约束中从事社会经济活动的，土地、劳动和资本等要素是在有了制度时才得以发挥功能的。制度因素是经济发展的关键，有效率的制度安排能够促进经济的增长和发展。城市化作为伴随社会经济增长和结构变迁而出现的社会现象与制度因素密切相关，这一过程描述了人类社会经济活动组织及其生存社区在制度安排上由传统的制度安排（村庄）向新型的制度安排（城市）的转变。制度因素直接或间接地影响着不同地区或同一地区不同时期劳动力、资本及其他各种经济要素在不同空间地域上的流动与重组。

从中国的城市化进程分析，新中国成立后至改革开放前实行的是自上而下的城市化制度安排，即在计划经济体制下，政府是城市化及其基础——工业化的主体。一方面，政府采取强有力的方式从农业中积累城市化、工业化初始阶段的建设资金；另一方面，政府通过各种强有力的措施限制农村人口向城市流动。如我国政府用改变设市和设镇的标准、实行不同的工业化方式、精简城市居民、动员居民下乡充实农业第一线等行政措施来调节城市化，也通过户口、就业、商品粮、住房等管制政策来限制城市人口的过度膨胀。这一时期，我国工业化水平有了很大的提高，但城市化进程却极为缓慢，甚至出现了逆城市化现象，城市化水平相对于工业化水平明显滞后。1952 年至 1978 年，中国工业生产增长了 16.5 倍，城市人口比重仅上升了 5.5 个百分点。改革开放以后，随着家庭承包责任制的推行，农业剩余劳动力和农业剩余产品大量地流向非农产业。之后，随着中国市场经济体制的逐步发展，中国由自上而下的城市化制度安排转变为国家宏观调控下的自下而上的城市化制度安排，大大地促进了城市化，尤其是农村城市（镇）化的进程。如这一时期所实行的“市管县”、设市及设镇标准的调整和大量的撤县设市导致城市数量，尤其是小城市（镇）数量急剧增加，城市总人口提高，城市化速度加快。与此同时，相应的制度变迁和创新，如经济要素流动创新、农地制度创新、民营工商业制度创新、城市建设投资制度创新及其他涉及户籍制度、城市居民补贴政策、居住、择业、保险、子女就学等多方面的制度创新，都充分显示出制度因素对城市化的推动和促进作用（赵维良、纪晓岚，2007）。

5.3　生态城市建设的动力机制机理及模型

5.3.1　生态城市建设是一种全新的模式

生态城市是一个组成系统众多、结构复杂、运行复杂的系统组合，其追求的就是在一定约束条件下系统组成因子的整体最优，而并不是各个系统的最优。生态城市建设是当今世界各国共同的追求，目前，在世界范围内已经掀起了轰轰烈烈的建设实践，但还没有成功的范例，仍在不停地探索之中。生态城市的建设是城市发展的一次革命，在城市政治、经济、文化、社会、环境等领域都要创新，是一种系统的创新活动，也是 21 世纪最宏大的创新工程。

传统城市建设模式是建立在以工业文明时代的价值观念和技术进步的基础上，是人们针对工业文明发展带来的各种城市问题的被动的反应，是一种短期的、片面的发展模式；生态城市建设模式是建立在以人为本的理念上，在生态文明与生态价值观的指导下，对人们追求和主动实现活动，是一种长期的、可持续的发展模式。具体地讲，生态城市建设模式区别于传统城市建设模式主要体现在：

（1）建设理念上，由自生走向共生。传统城市建设是一种被动的发展，是一种自我的发展，当城市发展过程中出现诸如：环境恶化、经济增长方式粗放、浪费严重、贫富差距加大等问题时，才会被动地应对和解决这些问题，但解决方式又是片面的“头痛医头、脚痛医脚”式的解决，不是全面地促进经济、社会、环境、政治、文化等系统的协调发展；生态城市建设是对物质层面上的生态经济系统和生态政治系统、生态文化系统进行有机更新，又要建设合乎生态学理论的社会生态系统和自然生态系统，在城市中人与自然、人与人以及各个子系统之间建立一种互相平等、和谐共生的关系。使生态城市的各组成系统沿着共同进化的路径运行，实现共同激活、共同适应、共同发展的合作与协调关系，是一种共生发展模式。

（2）人与自然的关系上，由疯狂掠夺走向和谐均衡。传统城市建设中种种问题的出现，导致经济、社会、环境、政治、文化等系统的不协调发展，限制了城市的继续发展，主要是由于自然界内在和谐受到了严重损害，人类不尊重自然规律，疯狂掠夺自然资源，破坏自然环境造成的。生态城市建设是建立在生态与经济并重，人与自然、人与人协调发展的理论之上，不断地提高自然界的内在和谐和与人类的和谐。

（3）系统观上，由局部走向整体。传统的城市建设主要追求 GDP，强调经济的增长，忽视了城市社会、政治、文化、环境的发展，也导致了生态环境的破坏与资源的枯竭，是局部的发展，一种短期的发展；生态城市建设强调整体的发展，包括对区域内的社会、经济、环境、政治、文化等方面的综合全面的把握与平衡。在城市的整个建设发展过程中，社会的全面进步是发展的根本目标，经济增长与效益的提高是发展的途径和手段；政治民主、文化创新是发展的保证；自然环境是促进整体发展的基础。

（4）实现目标上，由单目标走向多目标。传统城市建设中往往是单一目标，而且呈现出阶段性和短期性，经济发展落后时，追求经济增长，环境质量变差时，改善环境质量，社会问题突出时，进行社会综合治理，从发展历程来看，追求经济的发展是其较长期的目标。我们知道不同的目标之间常常是相互冲突的，片面地追求经济增长目标或环境质量目标，必然要以牺牲其他利益为代价，追求社会的和谐和环境的改善势必会影响经济的增长。生态城市建设要改变这种单一目标的格局，要实现政治民主、经济高效、社会和谐、环境优美和文化创新等整体的发展，是一种可持续发展。见表 5-1。

表 5-1　传统城市建设与生态城市建设模式比较

Tab. 5-1　Comparation of construction modle between traditional city and eco-city

项　目	传统城市建设模式	生态城市建设模式
哲学观	自　生	共　生
价值观	疯狂掠夺	和谐均衡
内容目标	单目标	多目标、各系统的最优
学科范畴	单一学科	交　叉
决策方式	封闭、行政干预	民主、开放、公众参与
建设程序	单向、静止	循环、动态

5.3.2 生态城市建设的动力机制机理

生态城市建设是不同于传统城市建设的，它是一个更高层次的城市建设（如图 5-2 所示），追求政治、经济、社会、文化、环境等五位一体的全面、均衡和可持续发展。系统论原理指出，任何系统的良好运行和发展演进，都必须

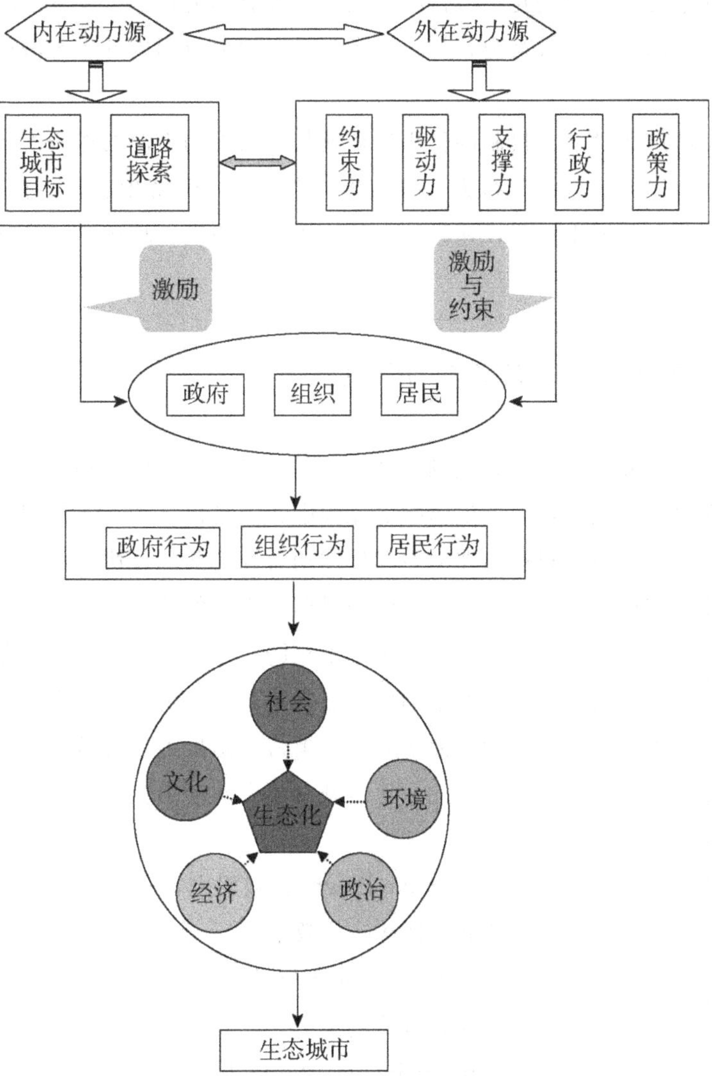

图 5-2 生态城市建设动力机制作用流程图

Fig. 5-2 Flow chart of function of dynamic mechanism in eco-city construction

获得足够的动力和科学的动力机制。因此，推进生态城市的顺利建设，必须找准并切实解决其动力和动力机制问题。

生态城市建设动力机制是指政府、组织和居民等建设主体建设生态城市的动力源及其作用机理、作用过程和功能。动力源是推进生态城市建设的推动力，包括内在动力源和外在动力源。其中，内在动力源包括追求生态城市的目标及探索生态城市建设道路两方面的内容。外在动力源包括环境承载力、资源压力等约束力；文明进化、可持续发展要求等驱动力；国家发展战略导向、政策支持、法制保障等政策力；生态技术创新支撑力及国内外生态城市建设成果的吸引力。

生态城市建设动力机制的作用机理就是在内外动力源的作用下，建设主体按照市场规律调节自己的行为，推动政治生态化、经济生态化、社会生态化、文化生态化和环境生态化，建设“五位一体”的稳定、均衡、可持续发展的生态城市。

5.3.3 生态城市建设的动力机制模型

根据生态城市建设动力机制机理的分析，可以看出内外动力源以及各种作用因素在对生态城市建设产生影响的过程中，不是孤立的，而是相互联系、相互影响的。一方面，只有内在动力和外在动力源的共同、协调作用，人类的生态城市才能实现；另一方面，在不同的时期，不同的地区，内在动力源和外在动力源对生态城市建设中所起的作用也不相同，对其影响也不同，在生态城市建设的初期，人们建设生态城市的要求非常迫切，热情相当的高涨，内在动力源可能会产生相当大的作用，而政府的政策力将是推进生态城市建设的第一外在动力，是具有决定性的。因此，生态城市建设的动力机制可以用图解的方式来概括，如图 5-3 所示。

在图 5-3 中：AP——Attractive Power 为吸引力；
PP——Policy Power 为政策力；
DP——Driving Power 为驱动力；
SA——Sanction 为约束力；
SP——Support Power 为支撑力；
CI——Co-Interest 为共同利益。

图中，各因素之间的关系可用公式表示为：

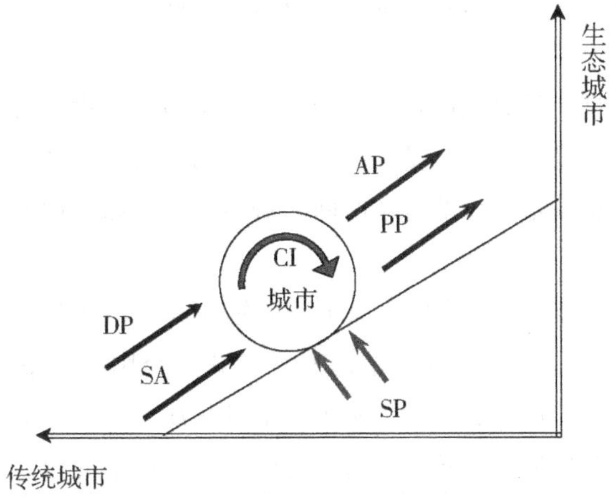

图 5-3　生态城市建设的动力机制模型

Fig. 5-3　Model of the dynamic mechanism in eco-city construction

EC=f（CI，AP，PP，DP，SA，SP，T）

式中：EC（Ecology City：生态城市）

从式中可知，如果把生态城市看作是一个函数式，那么生态城市建设要受到三方面因素的影响：内在动力机制因素（CI）、外在作用机制因素（AP，PP，DP，SA，SP）和时间（T）。

生态城市建设动力机制模型主要内涵包括以下三个方面：

（1）不同主体实现各自的利益目标是生态城市建设的内在动力机制。对于政府来说，在当前形势下，指导生态城市的建设是政府的不可推卸的职责，当前在面临环境恶化、资源短缺、生态危机的现实面前，城市建设的压力相当大，走转型发展，探索新的发展模式是非常迫切的，同时，生态城市建设也为政府职能转变，考评体系的建设、工作作风转变，公共职能完善等提供了良好的发展机遇。因此，政府对生态城市建设的积极性是相当高的，愿望非常的强烈；对于组织来讲，各类企业、各级中介组织是生态城市建设的主力军，生态效益、政治效益和经济效益是其追求的目标，在生态城市建设的过程中，他们可能得到满足，同时生态城市良好的环境也为其发展提供了更好的平台；对于居民来讲，建设生态城市改善自己的生存环境，包括政治、经济、社会、文化和自然环境，提高自己的幸福指数，是其共同的追求。因此，在生态城市建设中各主体为达到自己的目标，就会创造出积极的动力与激情。

（2）在 AP、PP、DP、SA、SP 五个外在动力机制因素中，可分为两类，一类是推力，另一类是拉力，在推力和拉力的共同作用下，生态城市建设就会实现，其中：

成果吸引力是一种典型的拉力作用，是生态城市建设最直接、最明显的诱因，是生态城市建设的模板，是生态城市建设的主要动力之一。成果的经验与教训为后续的生态城市建设节省了时间，避免了走弯路，同时为生态城市的创新提供了思路。

约束力SA起着推力的作用，由于资源短缺、环境恶化，使得城市建设必须改变原有的模式，探索和寻找新的发展模式。否则，城市建设进入恶性循环，对企业来讲生产成本、环境成本不断上升，压缩了企业的利润空间；对居民来讲，无法生存环境；对政府来讲，无法向上和向下交代。而生态城市的建设一方面，要解决资源短缺、环境恶化、生态危机的现状；另一方面，要求我们要利用最少的资源，创造最大的效益，要培养成本意识，强调成本。

支撑力SP是生态城市建设的催化剂、加速器，知识与技术的进步与创新总是围绕着生态城市建设的需求进行，总是在发现并创造适合它应用的需求，不断产生的新需求也总是能在不久之后找到技术支撑，技术和需求在生态城市建设的过程中总是居于活跃的领导地位。

政策力PP作用主要是激励作用，这种激励作用分为正向激励和负向激励两种，正向激励就是政府运用财政补贴、优惠贷款、物价补贴、财政贴息等财政金融政策，引导建设主体走生态化道路；负向激励就是政府对造成环境污染、生态破坏等行为采取征税等手段将环境污染导致的外部成本内部化，鼓励生态化的经营与发展。

随着人类文明的进步、观念的更新、思维的开拓，人们主动要求改变现状的愿望将越来越强烈，在行动上就会得到体现，客观上推动了生态城市建设。

(3) 在不同时期这些动力源对生态城市建设的作用也不相同，比如，现阶段我国生态城市建设的利益驱动机制依然不明显，市场需求的拉动作用在逐渐增强但依然不够，更多的是依靠政府行政力、政策力的推动及激励作用促进生态城市建设。因此，必须根据生态城市建设的动力机制模型的内在要求，积极主动地采取相应的对策，从内外两方面调动生态城市建设的积极性，加快其建设的步伐。

第6章　生态城市评价体系的构建

评价指标体系一般都是由一组既相互联系又相互独立，并能采用量化手段进行定量化的指标因子所构成的有机整体。科学合理的指标体系是系统评价准确可靠的基础和保证，也是正确引导系统发展方向的重要手段。

6.1　构建生态城市新评价体系的必要性分析

6.1.1　理论研究不够深入和系统

生态城市的提出，有其历史的必然性，并且有着较为深厚的理论基础，其中，可持续发展理论是其核心的基础理论。因此，生态城市评价理论初期就是以城市可持续发展评价为主，渐渐演进为生态城市评价。国内城市发展评价指标体系主要有：

1. 中国可持续发展指标体系

国家科技部、统计局和中国21世纪议程管理中心的相关专家和学者们，提出了中国可持续发展指标体系，包括描述性指标196个，评价性指标100个，建立涵盖生存支持系统、发展支持系统、环境支持系统、社会支持系统、智力支持系统等五大系统的评价体系。这一指标体系指标的覆盖面广，评价内容丰富，但经济指标和社会指标仍然占据很大比例，缺少反映生态政治和生态文化两个重要的城市系统组成的指标，对于衡量一个城市或区域来说，仍然不全面。

2. 全球、国家和地区可持续发展的指标体系

北京大学的叶文虎等学者提出全球、国家和地区可持续发展的指标体系框

图，涉及社会发展、经济发展、资源和环境等四个方面，指标59个，另有12个非货币指标。

3. 生态城市指标体系

黄光宇等学者提出的生态城市指标体系，目标层分为：文明的生态社会、高效的经济生态、和谐的自然生态等3个方面；准则层分为：人类及其精神发展健康、社会服务保障体系完善、社会管理机制健全、经济发展效率高、经济发展水平适度、经济持续发展能力强、自然环境良好、人工环境协调等8个方面；指标层共有64个指标，并且每个指标赋予其参考标准。在生态城市的评价过程中，只能得到达到或未达到生态城市的判断，对其程度无法作出准确判断。这是一种典型的层次性指标体系。

4. 生态城市评价三级指标体系

宋永昌等学者提出的生态城市评价三级指标体系，一级指标包括城市的结构、功能和协调度，二级指标是在一级指标下选择若干因子所组成，主要包括人口结构、基础设施、城市环境、城市绿化、物质还原、资源配置、生产效率、社会保障、城市文明、可持续性等10个；三级指标又是在二级指标下选择30个因子组成（宋永昌等，1999）。

总体来讲，国内对生态城市评价指标体系的研究现状为：一是对生态城市考核、评价指标的研究，突破较少。二是没有形成统一的生态城市评价指标体系。从评价目标和结构来看，主要有两类：一是从社会、经济、自然等3个子系统出发构建评价指标体系，另一类是从城市生态系统的结构、功能、协调度出发构建评价指标体系。从评价思路来看主要有两类：一类是主张少而精，另一类是主张细而全，前者认为过多的指标会因为指标间的相关性导致指标间的关系复杂，操作性差，评价结果无法正确地反映城市的真实性，后者认为过少的指标不全面，无法反映城市的真实情况，特别是抹杀城市的特色，评价结果也不能反映城市的真实性（吴琼、王如松，2005）。

近年来的研究，在评价指标选择、评价标准、评价模型、指标处理等方面更加深入，如将资源核算、管理手段等引入评价体系；评价标准逐步提高，与国际标准进一步接轨，构建了经验评价、综合分级评分法、标准指数加权综合模型、全排列多边形图示指标法等评价模型。

6.1.2　评价体系单一，不能涵盖生态城市的所有内容

在国家实践层面上，目前主要有国家园林城市、环保模范城市、宜居城市等指标体系：

1. 园林城市指标体系

为推进城市环境综合整治，1992 年，国家建设部制定了《园林城市评选标准（试行）》，并且在实践中不断完善这个指标体系；1996 年，将原有的 10 条标准扩充至 12 条；2000 年，又制定出台了《国家园林城市标准》及《创建国家园林城市实施方案》。这个指标体系主要偏向于城市环境，重点强调的是城市绿化、美化和环境质量的提高，具有明显的行业标准的特征，生态环境指标所占的比重相当大，而相反，政治、文化、社会、经济等方面，考核指标相对较少。截至 2008 年，全国共命名国家级园林城市 9 批，共 113 个。

2. 环保模范城市指标体系

为推进我国城市的环境保护和可持续发展，建成若干个经济快速发展、环境清洁优美、生态良性循环的示范城市，国家环境保护局于 1997 年制定了《国家环保模范城市考核指标（试行）》，该指标体系包括 3 项考核条件和 24 项考核指标，其中，社会经济 5 项、环境质量5 项、环境建设 10 项、环境管理 4 项，涉及覆盖了城市社会、经济、环境、卫生和园林五个方面。总的来看，该指标体系主要是从城市环境保护角度出发的，更多体现的是城市环境质量、污染控制、环境建设和环境管理工作的水平。截至2007 年，国家环保局共命名环保模范城市 63 个，其中省会城市 7 个，直辖市 1 个，副省级城市 11 个，地级市 31 个，共涉及 18 个省、自治区和直辖市。

3. 宜居城市指标体系

“宜居城市”概念的提出是在 2005 年 1 月，国务院在北京市城市总体规划的批复中要求“要坚持以人为本，建设宜居城市”。随后全国有 100 个城市提出建设宜居城市，并有许多学者开始研究其评价指标体系。2007 年 4 月 19 日，由中国城市科学研究会、南京大学城市与区域规划系等单位承担的《宜居城市科学评价指标体系研究》，通过了中华人民共和国建设部组织评审验收。

该指标体系包括社会文明度、经济富裕度、环境优美度、资源承载度、生活便宜度、公共安全度等6大方面，近100个分指标，是一个覆盖面很广、系统性强的指标体系。其考核内容重点围绕居住环境及其相关环境，政治和文化基本上没有体现。

4. 生态市指标体系

为了推进全国生态县、市、省的建设，进一步做好指导工作，2002年，国家环境总局制定了《生态县、生态市和生态省建设指标（试行）》，该指标体系围绕经济发展、环境保护、社会进步三个方面，共有30项指标，并且规定了达标的具体标准。该指标体系突出了生态市建设要求经济、环境、社会协调发展，而不仅仅是生态环境的保护与发展，是一个最接近于生态城市内涵的标准体系。截至2008年，国家环保总局共命名二批国家级生态市（县区），共有11个市县区获此殊荣，其中，生态市6个全部来自于江苏省（5个）和山东省（1个）（见表6-1）。目前，全国共有近20个省市区正开展生态省创建，200个市县区开展生态市创建活动。但是从其评价内容来看，主要是从经济发展、环境保护和社会进步三方面来考核生态城市，而生态政治和生态文化两项未得到很好的体现。

随着生态城市建设理论研究的深入与实践的加速，生态城市涉及的面越来越广，内容越来越细，我国目前的生态城市评价标准体系已经不能很好地满足生态城市建设的评价要求，必须建立一套涉及领域更广、考核更细的指标体系。

表6-1 国家生态市（区、县）名单

Tab. 6-1 The list of national eco-city (district and county)

国家生态市	国家生态区	国家生态县
江苏省张家港市（1）	上海市闵行区（1）	浙江省安吉县（1）
江苏省常熟市（1）	广东省深圳市盐田区（2）	北京市密云县（2）
江苏省昆山市（1）		北京市延庆县（2）
江苏省江阴市（1）		
江苏省太仓市（2）		
山东省荣成市（2）		

注：（i）表示第i批被批准成为生态市、区、县。

资料来源：国家环保部网站。

6.2　生态城市评价体系的意义及功能

6.2.1　生态城市评价体系的意义

评价是一项方案由计划到实施的一系列完整过程中的一个重要环节。评价是上一个阶段的评定、总结，是下一个阶段的开始，它在整个环节中起着至关重要的作用。生态城市评价体系是对生态城市进行整体综合评价的有效工具，它有一整套严密的操作程序和运算规则，所得的评价结果比较全面、客观、可靠。运用评价体系评价，就能够对生态城市进行定量的测算和分析，得到生态城市在评价期内建设与发展的总体水平。对评价结果与评价标准进行比较，就能明确城市建设与发展的现状与发展目标的差距，确定以后建设的重点和方向，或者修订不切实际的发展目标。因而，生态城市评价指标体系对于评价和指导生态城市的建设与管理有着重大的意义与作用。

生态城市评价指标体系是建立在生态城市基本原理和建设实践基础上的，只有完整、准确地把握生态城市理论、深入展开生态城市建设实践，才能建立科学合理的指标体系。反过来，生态城市评价指标体系的研究也会促进生态城市理论的研究和推动、规范生态城市建设实践。因此，生态城市评价指标体系对于规范生态城市建设、定量评价生态城市发展水平与协调程度以及推动生态城市理论的发展都将有着重大的理论意义和实践作用。同时，利用生态城市评价体系的评价结果，为政府决策部门进行决策提供科学的理论依据和参考。

6.2.2　生态城市评价体系的功能

一个城市是否在生态城市内在要求的轨道上发展以及发展的总体水平与协调程度如何，就必须对这个城市进行测度与评价。因此，按照生态城市内涵要求建立起来的科学与合理的生态城市评价指标体系，在生态城市的建设与管理过程中发挥着重要的作用。一般来说，它主要的功能如下：

1. 评价功能

评价功能是生态城市评价指标体系的一项基本功能。运用指标体系可以对生态城市各项建设和城市总体运行状况进行定量和定性的测算，根据预先设定的等级划分标准，进而评定城市的发展度、协调度与持续度的级别。同时还可以对生态城市建设的纵向和横向比较。根据评价结果，向人们展示生态城市建设所取得的成就，同时，也可明确建设过程中的不足，为下一阶段的建设指明努力的方向。

2. 监测功能

评价指标是生态城市某个性质或侧面的描述和反映。通过指标反馈的信息，人们能随时监测生态城市不同阶段中的发展动态，及时发现问题，以便在实践中及时改正。这时，评价体系就成为一个生态城市建设的“晴雨表”，发挥着指示和监测生态城市发展动向的功能与作用。

3. 导向功能

导向功能是评价指标对城市建设的方向与内容的指引作用。从理论上来说，评价体系应能反映生态城市的所有性质，应把它们都纳入评价体系中。但是在实际操作中，任何一个评价体系只能选取那些对生态城市发展起主要作用的单项或综合指标。指标一旦确定，它在建设中就将发挥导向功能作用。导向功能具有正向效果和负向效果的双重作用。

4. 决策功能

评价只是一种手段，而不是目的，评价的真正目的是为决策服务的。评价体系最大的优势是能为人们提供比较科学、准确和定量的评价结果，避免了单纯运用定性评价方法所得结果的模糊性与主观性，从而为下一阶段的决策提供科学的参考和依据。

6.3 构建生态城市评价体系的原则

生态城市是一个综合、系统、复杂的复合体，为避免其走弯路，推动生态城市更快、更健康地建设，必须根据其内涵、基本特征、主要内容，构建一个层次分明、结构完整、科学合理的评价指标体系。因此，生态城市指标体系的构建要力求遵循系统性、全面性、动态性、可操作性、可比性等原则：

1. 系统性原则

作为一个由多指标构成的有机体，指标体系应是一个整体，能够从各个不同的角度反映出生态城市的主要特征和状况，能够综合地反映生态城市发展的各个方面，并且，各个要素必须处于协调状态，同时也要避免元素之间的交叉与重复，以减少信息的冗长度。这就要求在指标选择时，要分别考虑社会发展指数、经济发展指数、政治发展指数、文化发展指数和环境发展指数，这五大类指数相互联系，共同作用，推动城市的发展。

2. 全面性原则

五个子系统的指数都应该从规模、结构、速度、效益、能力和人均水平等不同角度全面选择，其中，“规模”指标反映城市的整体实力，决定了城市的现代化和国际化水平，“结构”是城市协调发展的保证，也是城市现代化水平高低的标志，“速度”反映城市现代化水平不断提高的能力，“效益”和“人均水平”是城市各项经济社会活动追求的目标。

3. 动态性原则

指标体系要反映基于生态城市建设过程的动态变化，体现出其发展的趋势。由于生态城市建设总是处于动态变化之中，因此，指标体系也要随着生态城市进入不同的阶段作出适当调整，也就是说指标体系还要具备一定的可更新性。

4. 可操作性原则

指标体系的建立要考虑到指标的量化及数据获取的难易程度和可靠性，尽量利用和开发统计部门现有的公开资料，尽量选择那些有代表性的综合指标。从数据来源与数据处理的角度来看，构建的指标体系必须简单、明确、国内外公认、易被接受，符合相应的规范要求。只有这样，才能保证评价结果的真实性和客观性。

5. 可比性原则

所建立的评价指标体系要能用于不同城市之间的生态化水平差距和同一城市不同时段的纵向比较，以便找出不同城市之间的生态化水平差距和同一城市的建设进展。

6.4 生态城市指标体系的构建

指标体系的构建过程是一个从具体到抽象再到具体的辩证逻辑思维过程，是人们对现象总体数量特征的认识逐步深化、逐步求精、逐步完善、逐步系统化的过程。

6.4.1 构建生态城市指标体系的步骤

本书运用层次分析法（AHP 法）对生态城市生态度进行定量的评价，将组成生态城市的各个组成系统及其子系统分解成若干组成因素，并将这些因素按性质不同进行分组，形成有序的递阶层次，进而构建其指标体系，其过程如下：

（1）理论准备。欲建立某个领域的指标体系，首先，要明确评价的总目标，对该领域的有关基础理论有一定深度和一定广度的了解，全面掌握该领域描述性指标体系的基本情况；其次，要选择适合的统计理论与方法；第三，还要了解国内外相应领域评价指标体系的现状，吸取其经验与教训。

（2）指标体系初选。在具备了相关的理论与方法之后，就可选择构建方法，按照指标体系的构建原则，围绕总目标构建初选指标体系。

评价指标的选择，方法主要有理论分析法、频度统计法、专家咨询法、综合法、交叉法、指标属性分组法等。本书采用理论分析法、频度分析法和专家咨询法。理论分析法是将评价的总目标划分成若干个不同组成部分或不同侧面（即子系统），并逐步细分，直到每一个部分和侧面都可以用具体的统计指标来描述、实现，这是构建评价指标体系最基本、最常用的方法；频度分析法是对有关城乡发展评价的研究中的指标进行频度统计，从中选择使用频率较高的指标；专家咨询法是在初步提出评价指标的基础上，进一步征询专家意见，对指标进行调整。

(3) 指标体系优化。初选的结果并不一定是合理的、必要的，可能有重复，也可能有遗漏甚至错误。这就需要对初选指标体系进行精选优化，从而使之更加科学合理。

指标体系的优化包括单项指标优化和指标体系整体优化两个部分。既要对整个指标体系中的每一个指标的可行性、正确性进行分析，同时，对指标体系中指标之间的协调性、必要性、齐备性进行检查。保证指标体系中的每一个单个评价指标的科学性，还要保证指标体系在整体上的科学性。

6.4.2　生态城市评价指标体系的建立

本书的生态城市指标体系设计参考和借鉴了大量国内外生态城市、生态省、生态市考核指标、宜居城市评价指标等，从政治、经济、社会、文化、环境等五个层面来设计，通过频度统计法、理论分析法、专家咨询法来设置、筛选指标，并进行主成分分析和独立性分析，选择内涵丰富又相对独立的指标构成具体评价指标体系，本评价体系由三个层次构成，即目标层、准则层、指标层。

目标层：城市生态度，即表征城市复合系统可持续发展、人与人、人与自然、经济与社会的和谐程度。

准则层：反映设置评价指标的依据和要求，主要包括：和谐的生态社会、高效的生态经济、民主的生态政治、创新的生态文化、健康的生态环境等五个层面。

指标层：是评价和考核各子系统状况的具体因子，选择静态、动态指标，存量、流量指标等，在时间上反映城市生态系统的发展和变化情况，空间上反映总体布局，数量上反映发展规模，质量上反映发展能力和潜力。共包括 50 个指标，其中，生态社会 11 个，生态政治 9 个，生态经济 9 个，生态文化 10 个，生态环境 11 个。

通过该指标体系可以得出生态城市的社会、经济、政治、文化、环境等五个子系统的发展状况，找出城市发展的优势和劣势，以便今后的生态城市建设在五个方面有所侧重。值得注意的是，指标的确定是在考虑现有数据的可获得性基础上选择的，因此，存在不完备的缺陷。随着对生态城市研究的发展和日益深入以及统计资料的不断完善，对指标还应该不断修改和补充。见表 6-2。

表 6-2 生态城市评价指标体系

Tab. 6-2 Evaluation index system of eco-city

目标层	准则层		指标层			评估等级			
名称	名称	权重	序号	名称	权重	重建	提升	达标	优良
生态城市	和谐的生态社会	0.2	1	城市化水平	0.12	＜30	(30, 50)	(50, 70)	≥70
			2	城市集中供热	0.07	＜30	(30, 50)	(50, 70)	≥70
			3	恩格尔系数	0.12	＜60	(60, 40)	(40, 30)	≤30
			4	高等教育入学率	0.07	＜20	(20, 30)	(30, 50)	≥50
			5	人口预期寿命	0.09	＜65	(65, 75)	(75, 78)	≥78
			6	社会保险覆盖率	0.1	＜65	(65, 75)	(75, 78)	≥78
			7	万人拥有公交车（标台）	0.1	＜7	(7, 11)	(11, 13)	≥13
			8	就业率	0.1	＜80	(80, 95)	(95, 97)	≥97
			9	万人拥有医生数	0.07	＜65	(65, 75)	(75, 85)	≥85
			10	千人拥有床位数	0.07	＜3	(3.0, 4.5)	(4.5, 5.5)	≥5.5
			11	群众安全感	0.09	＜70	(70, 80)	(80, 90)	≥90
	民主的生态政治	0.2	1	生态城市建设规划	0.12	无	正在制定中	已制定	制定并落实
			2	决策方式	0.12	没有建立重大事项公共决策制度	建立重大事项公共决策制度，但基本没有执行	建立重大事项公共决策制度，并部分执行	建立重大事项公共决策制度，并贯彻执行
			3	群众对政府诚信的满意度	0.1	＜70	(70, 80)	(80, 90)	≥90
			4	公众参与指数	0.1	＜70	(70, 80)	(80, 90)	≥90

续表

目标层	准则层		指标层			评估等级			
名称	名称	权重	序号	名称	权重	重建	提升	达标	优良
生态城市	民主的生态政治	0.2	5	群众对党政机关行政效能满意度	0.12	<70	(70，80)	(80，90)	≥90
			6	群众对反腐倡廉满意度	0.1	<70	(70，80)	(80，90)	≥90
			7	政务公开程度	0.12	政府各部门未开通电子政务网站	政府各部门开通电子政务网站，但一周以上不更新	政府各部门开通电子政务网站，并每周更新	政府各部门开通电子政务网站，并每天更新
			8	职务犯罪增长率	0.1	≥30	(30，10)	(10，−10)	≤−10
			9	行政效率	0.12	建立行政审批中心，但没有整套可网上公开查询的管理制度	建立行政审批中心，但整套可网上公开查询的管理制度不全面	建立行政审批中心，并有整套可网上公开查询的管理制度	建立行政审批中心，有整套可网上公开查询的管理制度，并严格执行
	高效的生态经济	0.2	1	人均国内生产总值（元/人）	0.13	<20000	(20000，30000)	(30000，40000)	≥40000
			2	年人均财政收入（元/人）	0.1	<3000	(3000，3600)	(3600，4000)	≥4000
			3	农民人均纯收入（元/人）	0.07	<6500	(6500，7500)	(7500，8500)	≥8500

续表

目标层	准则层		指标层			评估等级			
名称	名称	权重	序号	名称	权重	重建	提升	达标	优良
生态城市	高效的生态经济	0.2	4	城市居民人均可支配收入（元/人）	0.08	<12000	(12000，16000)	(16000，20000)	≥20000
			5	第三产业占GDP比重（%）	0.12	<40	(40，50)	(50，60)	≥60
			6	单位GDP能耗（T标煤/万元）	0.12	>1.6	(1.6，1.4)	(1.4，1.2)	≤1.2
			7	单位GDP水耗（M^3/万元）	0.12	>170	(170，150)	(150，140	≤140
			8	科技投入占GDP比重（%）	0.13	<1.5	(1.5，1.8)	(1.8，2.4)	≥2.4
			9	高新技术占GDP比重（%）	0.13	<1.5	(1.5，1.8)	(1.8，2.4)	≥2.4
	创新的生态文化	0.2	1	万人拥有公共图书、文化、科技馆数量	0.08	<0.2	(0.2，0.25)	(0.25，0.3)	≥0.3
			2	环保宣传教育普及率	0.1	<70	(70，80)	(80，90)	≥90
			3	人均图书藏有量（册）	0.08	<0.6	(0.6，0.8)	(0.8，1.2)	≥1.2
			4	生态意识普及率	0.1	<70	(70，80)	(80，90)	≥90
			5	消费观念生态化程度	0.09	<70	(70，80)	(80，90)	≥90
			6	精神文明创建增长率	0.08	<10	(10，15)	(15，20)	≥20

续表

目标层	准则层		指标层			评估等级			
名称	名称	权重	序号	名称	权重	重建	提升	达标	优良
生态城市	创新的生态文化	0.2	7	旅游业占 GDP 比重增长率	0.13	<10	(10，15)	(15，20)	≥20
			8	文化支出占生活支出比重	0.13	<25	(25，35)	(35，45)	≥45
			9	文化遗产保护保存完好率	0.1	<70	(70，80)	(80，90)	≥90
			10	对文化设施的满意率	0.11	<60	(60，80)	(80，95)	≥95
	健康的生态环境	0.2	1	绿地覆盖率（%）	0.1	<30	(30，40)	(40，50)	≥50
			2	城市空气质量二级天数以上天数（天/年）	0.1	<300	(300，330)	(330，340)	≥340
			3	城市水质达标率（%）	0.08	<80	(80，90)	(90，95)	≥95
			4	SO_2 排放强度（Kg/万元 GDP）	0.1	>7.0	(7.0，5.0)	(5.0，3.0)	≤3.0
			5	COD 排放强度（Kg/万元 GDP）	0.1	≥7.0	(7.0，5.0)	(5.0，3.0)	≤3.0
			6	城市生活污水集中处理率（%）	0.08	<50	(50，70)	(70，85)	≥85
			7	人均水资源（M^3/人）	0.1	<500	(500，950)	(950，1000)	≥1000
			8	人均公共绿地（M^2）	0.08	<8	(8，11)	(11，13)	≥13

续表

目标层	准则层		指标层			评估等级			
名称	名称	权重	序号	名称	权重	重建	提升	达标	优良
生态城市	健康的生态环境	0.2	9	噪声达标区覆盖率（%）	0.08	<80	(80，95)	(95，98)	≥98
			10	城市垃圾无害化处理率（%）	0.08	<90	(90，100)	100	100
			11	环保投资占 GDP 比重（%）	0.1	<2	(2，3.5)	(3.5，5)	≥5

资料来源：①国家环保总局．生态省、生态市建设指标（试行）.2000.

②建设部．宜居城市科学评价标准.2006.

③黄光宇，陈勇．生态城市理论与规划设计方法［M］．北京：科学出版社，2004.

④马道明．城市的理性　生态城市调控［M］．南京：东南大学出版社，2008.

6.5　评价模型的构建

6.5.1　模糊综合评价理论及模型

1. 理论简介

模糊综合评价是借助模糊数学的一些概念，对实际的综合总是提供一些评价的方法，具体地讲，模糊综合评价就是以模糊数学为基础，应用模糊关系合成的原理，将一些边界不清、不易定量的思想束缚定量化，从多个因素对被评价事物隶属等级状况进行综合评价的方法。基本原理为：首先，确定被评价对象的因素（指标）集和评价（等级）集；其次，确定各个因素的权重及它们的隶属度向量，获得模糊评价矩阵；最后，把模糊评价矩阵与各因素的权向量进行模糊运算并进行归一化，得到模糊评价结果。

2. 模糊综合评价法的模型

Ⅰ. 确定评价因素和评价等级

设 $U=\{u_1, u_2, \cdots, u_m\}$，为评价对象的 m 种因素，即表明我们将被评价对象从哪个方面进行评价的描述。

$V=\{v_1, v_2, \cdots, v_n\}$，为每一因素所处的状态的 n 种决断，即评价等级。

其中，m 为评价因素的个数，由具体指标体系决定；n 为评语的个数，一般划分为 3 ～ 5 个等级。

Ⅱ. 建评价矩阵和确定权重

首先，对着眼评价因素集中的单因素 u_i（$i=1, 2, \cdots, m$）作单因素评价，从因素 u_i 着眼对评价等级 v_j（$j=1, 2, \cdots, n$）的隶属度为 r_{ij}，这样就得出第 i 个因素的单因素 u_i 评价集：

$$r_{ij}=(r_{i1}, r_{i2}, \cdots, r_{in})$$

这样 M 个着眼因素的评价集就构造出一个总的评价矩阵 R，即每一个被评价对象确定了从 U 到 V 的模糊关系 R，它是一个矩阵：

$$R = (r_{ij})_{m\times n} = \begin{pmatrix} r_{11} & r_{12} & \cdots & r_{1n} \\ r_{21} & r_{22} & \cdots & r_{2n} \\ \vdots & \vdots & & \vdots \\ r_{m1} & r_{m2} & \cdots & r_{mn} \end{pmatrix}$$

其中，表示从因素 u_i 着眼，该对象能被评为 v_j 的隶属度（$i = 1,2,\cdots,m;j = 1,2,\cdots,n$）。

其次，指标权重的确定。权重是反映不同评价因素或因子相对重要性的量度值，体现各评价单元和因子在总指标体系中的地位和作用，以及对总指标的影响程度。常见的方法有两类：一是赋权数，一般多凭经验主观推测，富有浓厚的主观色彩。在某些情况下，主观确定权数有其客观的一面，一定程度上反映实际情况，评价的结果有较高的参考价值，但有时会严重扭曲客观实际，使评价结果失真，可能导致评价人的错误判断；二是利用数学的方法，如层次分析法，尽管数学方法也有主观性，但因数学方法严格的逻辑性而且可以对确定的"权数"进行"滤波"和"修复"处理，以尽量剔除主观成分，比较符合客观现实。

Ⅲ. 进行模糊合成和作出决策

R 中不同的行反映了某个评价事物从不同的单因素来看对各等级模糊子集的隶属程度。用模糊权向量 A 将不同的行进行综合，就可得到评价事物从总体上来看对各等级模糊子集的隶属程度，即模糊综合评价向量。

引入 V 上的一个模糊子集 B，称模糊评价，又称决策集，即 $B=(b_1, b_2, \cdots, b_n)$。

令 B=A＊R

B 是对每一个被评判对象综合状况分等级的程度描述，它不能直接用于被评判对象间的排序评优，必须要更进一步的分析处理，待分析处理之后才能应用。通常可以采用最大隶属度法则对其处理，得到最终评判结果。

6.5.2 生态城市多层次模糊综合评价模型的构建

本书拟利用模糊综合评价方法，构建生态城市评价模型。

生态城市的建设是一个广义的、复杂的系统工程，其评价模型应该能够比较全面地反映生态城市建设状况，结合本书提出的"五位一体"的生态城市系理论，提出生态城市多层次模糊综合评价模型。

Ⅰ. **确定评价集**

将因素集 U 按其属性分成 5 个子集：$\{U_1, U_2, U_3, U_4, U_5\}$。

Ⅱ. **建立评价指标的评语集**

$V=\{V_1, V_2, V_3, V_4\}=$ {重建，提升，达标，优秀}。

综合评价的等级和评价单元的等级是在单因子分级的基础上进行的。由以上分析得知，城市生态化最终是 50 个子指标的函数。我们将每个子指标分为 4 级：重建、提升、达标和优秀，其对应分值分别为 1、2、3、4。

各指标分级标准的确定由于因子的性质不同而有所差异。本书按照如下原则进行确定：

（1）凡已有国家标准的或国际标准的指标，尽量采用规定的标准值；

（2）参考国外具有良好特色的城市的现状值作为标准值；

（3）参考国内城市的现状值，作趋势外推，确定标准值；

（4）依据现有的环境与社会、经济协调发展的理论，力求定量化作为标准值；

（5）对于定性的指标的量化采取等级标度法，将指标所反映的事物的性质程度分成 4 个等，然后对其赋值，从数量上把不同的等级区分开。

Ⅲ. **一级模糊综合评价**

对于每一个 U_i 按一级模糊评价分别进行综合评价，其程序为：

第一，进行单因子评价，即建立两个 U_i 到 V 的模糊映射 f：$U_i \rightarrow F(V)$；由 f 诱导出模糊关系 R_f，得到单元素评价矩阵 R_i；

第二，确定一级评价权重，即确定 U_i 中各因子的权重，$a_i=(a_{il}, a_{i2}, \cdots, a_{ik})$，此处，$\sum_{j=1}^{k} a_{ij}=1$。

第三，做矩阵复合运算，得一级综合评价：$b_1=a_1 \cdot R_1=[b_{il}, b_{i2}, \cdots, b_{in}]$，$(i=1, 2, \cdots, k)$。

Ⅳ. **二级模糊综合评价**

将每个 U_i 作为一个评价元素看待，用 b_i 作为它的单元素评价，这样：

$$R\left\{\begin{matrix} b_1 \\ b_2 \\ \cdots \\ b_i \end{matrix}\right\}=(b_{ij})_{k\times n}$$

是 $U_i=\{u_1, u_2, \cdots, u_k\}$ 的单元素评价矩阵，每个 U_i 作为 U 的一部分，反

映了U的某种属性，可以按它们贡献的重要性绘出权利重分配：$A=\{A_1, A_2, \cdots, A_m\}$，于是有二级综合评价$B=A\cdot R$，其中$A$为评价单元的权重集，$B$为二级综合评价得分。

Ⅴ．**指标权重的确定**

本模型权重的确定包括准则层权重的确定和目标层权重的确定两个方面，其中准则层权重采用平均法。在目前来看，政治、经济、社会、文化、环境是构成城市的五个重要组成部分，缺一不可，哪一方面弱都不行，生态城市的建设强调五个方面的协调发展、平衡发展，五个方面的权重孰轻孰重，难以区别，因此采用平均法，每部分的权重为0.2。

目标层权重的确定采用Delphi调查程序，经过咨询并得到m位专家的赋权方案，然后进行统计分析，若a_{ij}表示第i个因子由第j位专家所给的权重咨询值，且$\sum_{j=1}^{k} a_{ij}=1$，则指标i的权重为：

$$a_i=\frac{1}{m}\sum_{j=1}^{m}a_{ij},\quad w=\frac{a_i}{\sum_{i=1}^{k}a_i}$$

Ⅵ．**指标的隶属度**

指标的隶属度分为两类：一类是软指标的隶属度。软指标不能用一定的数值来划分等级标准，其隶属度的确定通过向有关专家、居民等征求意见，将分析结果量化，得到软指标的隶属度。另一类是硬指标的隶属度。对于硬指标，其隶属度可按照其分级标准进行计算。硬指标的分级标准的确定，一是根据目前国内流行和通用的评价指标体系的规定确定；二是采用国际上最先进的标准值，经过一定的测算确定。

4个标准将实数据分成如图6-1所示的5个区间，用$S_{i,j}$（j=1，2，3，4）表示指标i的4个标准值，则第i个指标的任一实测值X_i可能落在某一区间。设$X_i\in(S_{i,j}, S_{i,j+1})$，用实测值与标准值的距离比上标准值之间的距离，作为衡量接近于该标准值的隶属度，也适用于标准递减时，并用$I_{i,j}$（j=1，2，3，4）表示。故硬指标的隶属度的分段函数：

当$X_i\in(0, S_{i,1})$时，$I_{i,j}=1$且$I_{i,j}=0$ $(j\neq1)$；

当$X_i\in(S_{i,j}, S_{i,j+1})$时，只可能隶属于j或j+1（用$I_{i,j}I_{i,j+1}$表示），其余隶属度为0，其中：

$$I_{i,j}=\left|\frac{X_i-S_{i,j}}{S_{i,j}-S_{i,j+1}}\right| \text{且} I_{i,j+1}=\left|\frac{X_i-S_{i,j+1}}{S_{i,j}-S_{i,j+1}}\right|;$$

当 $X_i \in (S_{i,4}, +\infty)$ 时，$I_{i,4}=1$ 且 $I_{i,j}=0$ $(j \neq 4)$

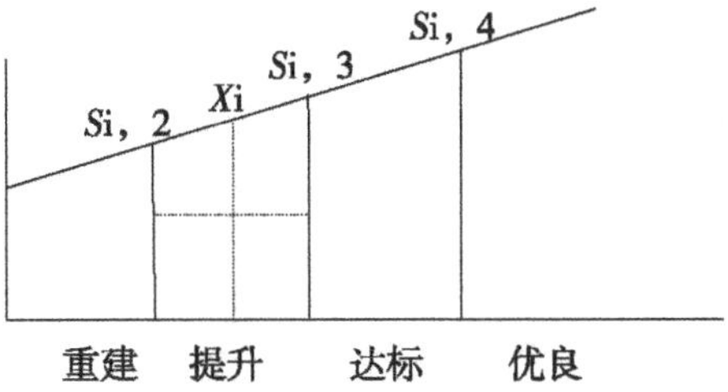

图 6-1　隶属函数示意图

Fig. 6-1　Diagram of membership function

Ⅶ. 城市生态度等级的确定

将城市生态二级综合评价得分，通过标准化处理后，按照最大隶属度原则确定评价等级。城市生态度各个等级评估的具体标准见表 6-3：

表 6-3　城市生态度分级表

Tab. 6-3　Rating table of the ecological degree in city

分级标准	Ⅰ（0～1.8）	Ⅱ（1.8～2.8）	Ⅲ（2.8～3.5）	Ⅳ（3.5～4.0）
城市生态度	生态重建	生态提升	生态达标	生态优良

实 证 篇

第 7 章　太原市城市建设道路的选择——生态城市建设

7.1　太原市城市建设现状

7.1.1　太原市简介

太原市是山西省省会，是山西省的政治、经济、文化、教育、科技、交通和信息中心，是中国 22 个特大城市之一，位于山西省境中央，太原盆地的北端，华北地区黄河流域中部，东、西、北三面环山，中、南部为河谷平原，全市整个地形北高南低呈簸箕形（如图 7-1 所示）。海拔最高点为 2670 米，最低

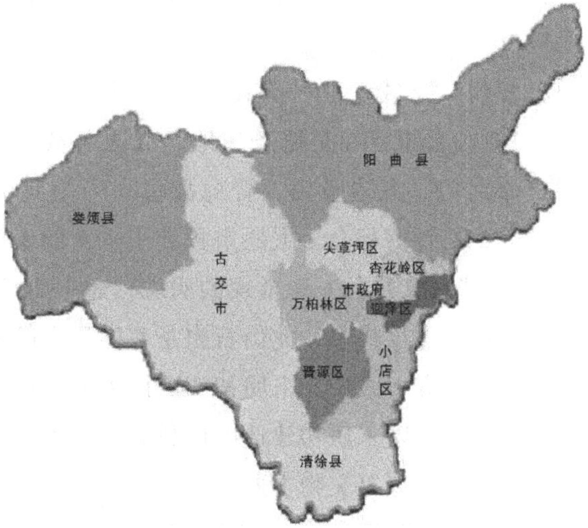

图 7-1　太原市行政区划图

Fig. 7-1　Administrative map of Taiyuan

点为760米，平均海拔约800米，地理坐标为东经111°30′～113°09′，北纬37°27′～38°25′。区域轮廓呈蝙蝠形，东西横距约144公里，南北纵约107公里。太原市地处我国东、中、西三大经济带的接合部，且位于南北同蒲和石太铁路线的交汇处，在全国对外开放和经济发展布局中，具有承东启西、连接南北的双向支撑作用。

全市国土面积为6988平方公里，其中，建成区面积198平方公里，现辖10个县（市区）和2个国家级开发区，全市人口345.71万人，城市人口281.89万人。太原矿藏堪称丰富，主要有铁、锰、铜、铝、铅、锌等金属矿和煤、硫黄、石膏、钒、硝石、耐火黏土、石英、石灰石、白云石、石美砂等非金属矿。在矿物资源中以煤蕴藏最丰，铁矿次之，石膏居三。山西以盛产煤而有“煤海”之称。太原处在“煤海”中部，地质上称太原的煤藏为“太原系煤”，储量居全省第七位，是山西煤炭资源的主要组成部分。太原市煤炭不仅储量丰富，而且煤种齐全，焦煤、肥煤、瘦煤、贫煤、气煤、无烟煤等应有尽有。铁矿储量较为丰富，分布亦较广，主要类型为沉积变质型、接触交代型、沉积型，锰铁矿储量较少。非金属矿中石膏矿是太原第三大矿产，石膏以其质地优良驰名全国。新中国成立以来，太原市一直是以冶金、机械、化工、煤炭为支柱，以输出能源、原材料、矿山机械产品为主要特征的全国重要的能源重化工城市。现在，太原已经发展成为一个以冶金、机械、化工、煤炭工业为主体，轻纺、电子、食品、医药、电力和建材工业具有相当规模，工业门类比较齐全的现代化工业城市。

太原古称晋阳、并州、龙城，是一座具有2500年建城历史的文化名城。在2500年的历史长河中，太原曾经是唐尧故地、战国名城、太原故国、北朝霸府、天王北都、中原北门、九边重镇、晋商故里……是我国北方著名的军事、文化重镇和闻名世界的晋商都会。太原市积淀了丰富的历史文化遗产，如“晋祠”园林，称得上是华夏文化的一颗璀璨的明珠；建于明代的永祚寺，“凌霄双塔”是我国双塔建筑的杰出代表；龙山石窟是我国最大的道教石窟，被专家传为世界之最；始建于北齐、毁于元末明初的蒙山大佛，堪与巴米扬大佛和乐山大佛相媲美。此外，还有隋末唐初建造的佛教名刹崇善寺和富有民族特色的道教寺宫——纯阳宫、多福寺等文物古迹。

7.1.2　太原市发展现状

1. 太原市经济发展现状

21 世纪以来，随着国家一系列宏观调控政策和山西省新型能源和工业基地建设政策的出台，太原的经济发展又迎来了千载难逢的历史机遇。在全省新型能源和工业基地建设中，太原坚持走新型工业化道路，承担起全省产业结构调整和升级转化“领头羊”的重任。近年来，以不锈钢生产基地、新型装备制造工业基地和镁铝合金加工制造基地“三大基地”为代表的优势产业发展态势良好。

(1) 经济综合实力明显增强（见表 7-1）。2007 年，全市实现地区生产总值（GDP）1254.95 亿元，比 2003 年翻了一番，年均增长 14.8%；人均地区生产总值达到 26175 元，年均增长 13.1%；财政总收入 163.05 亿元，年均增长 27.1%；一般预算收入 56.95 亿元，年均增长 21.5%；2007 年，全市农村经济总收入达到 488.52 亿元，比上年增长 7.4%。全社会固定资产投资完成 576.74 亿元，比上年增长 15.1%。城镇固定资产投资完成 550.64 亿元，增长 15.3%。

表 7-1　2003—2007 年太原市主要经济指标

Tab. 7-1　The main economic indicators from 2003 to 2007

指　标	2003	2004	2005	2006	2007	年均增速（%）
地区生产总值（亿元）	613.66	763.76	895.49	1013.38	1254.95	14.8
规模以上工业增加值（亿元）	167.15	230.11	292.11	341.59	497.84	23.2
全社会固定资产投资额（亿元）	204.45	347.67	425.33	501.13	576.74	31.3
社会消费品零售总额（亿元）	273.38	333.8	384.03	436.47	515.91	17.3
外贸进出口额（亿美元）	20.05	33.94	33.72	41.13	81.07	37.6
其中：出口（亿美元）	15.17	26.3	21.17	24.26	43.93	30.1

续 表

指 标	2003	2004	2005	2006	2007	年均增速（%）
财政总收入（亿元）	91.62	120.17	163.05	192.19	240.40	27.1
一般预算收入（亿元）	33.35	42.64	56.95	75.33	88.42	27.0
城市居民人均可支配收入（元）	8264	9353	10476	11741	13745	13.3
农民人均纯收入（元）	3356	3873	4402	4917	5561	12.6

(2) 结构调整取得积极进展，经济效益不断提高。近年来，通过制定实施《关于加快太原市产业结构调整的意见》和《“2151”产业结构调整规划》等政策，太原市非公有制经济占地区生产总值的比重达到40.1%，三次产业构成由2000年的3.9∶41.8∶54.3变为2.2∶48.1∶49.7。工业结构明显改善，煤焦、冶金等传统产业得到改造提升，新材料、电子信息等新兴产业发展势头强劲，高新区、经济区、民营区和不锈钢等工业园区产业集聚效应逐渐显现，高新技术产业增加值占地区生产总值的比重达到6.7%，规模以上工业经济效益综合指数由73.6提高到140.4，利税总额增长2.6倍。服务业保持良好的发展势头，新型业态和流通方式日益形成，金融、旅游、物流、通信等现代服务业快速发展。农村经济全面发展，粮食生产稳中有升，农业产业化进程加快，以奶业、醋业、肉制品业、油脂业为主的10条农业产业链基本形成。

一批大企业正茁壮成长，主要有：世界产能第一的不锈钢生产基地——太原钢铁集团有限公司；世界上最大的镁铝合金加工和研发基地——富士康太原科技工业园；全国最大的主焦煤生产基地——山西焦煤集团；制造曾托起“东方红”“神舟”七号升空的航天发射装置和三峡水电站1200吨桥式起重机的太原重型机械集团公司等。

2. 太原市政治发展现状

太原市辖小店区、迎泽区、杏花岭区、尖草坪区、万柏林区、晋源区等6个市辖区，古交1个县级市，阳曲、清徐、娄烦3个县，有22镇61乡和50个街道办事处。

太原市设有党政机构54个，其中市委13个，市政府40个，议事协调办事机构1个。行政编制总数为2766名，其中市委机关占18%，政府机关占

70%，其他机关（含人大、政协、民主党派、工会、共青团、妇联）占 12%。

经过多年的发展，太原市行政管理体制、政治环境、官员的执政理念等取得了长足的进步。行政管理体制改革取得重大进展，政府职能转变步伐加快，初步建立了经济调节和市场监管体系，初步把政府经济的经济管理职能转到制定规则、加强监管和为市场主体提供优质服务，创造良好发展的环境上。

行政审批制度改革取得了重大突破。行政审批事项逐渐减少，2002 年以来，先后进行过 8 次行政审批事项的清理，使行政审批事项由原来的 899 项减少到 383 项，减少了 57.4%；行政审批程序逐渐简化，保留的 383 项审批事项总的审批环节由原来的 3606 个压缩到 1262，压缩了 70%，审批时限由原来的 9318 个工作日缩短为 3275 个工作日，压缩了 65%；行政审批行为逐步规范，全市各个县、市、区都创建了政务大厅，构建了集中审批的新模式，实行一个窗口受理，一个窗口办结的一条龙服务模式，由此，太原市适应市场经济的行政审批制度框架基本建立。

干部任用体制逐步完善。2002 年，成功地在全国范围内考录公务员 224 名；2003 年，公开选拔 11 个县（市、区）政府副职；2007 年，拿出 7 个重要部门的正职职位向全国公开选拔等。凡此种种，改变了论资排辈的干部任用模式，“靠实力、靠能力、靠本事”的干部选拔任用的机制体制初步建立。

3. 太原市社会建设现状

据 2007 年人口抽样调查，年末全市总人口 345.71 万人。其中：城镇人口 281.89 万人，乡村人口 63.82 万人，城镇化率为 81.5%。

（1）基础设施建设成效明显，城市综合承载力稳步提升。“十纵十横含两环”的城市道路框架基本形成，太原市拥有公交车辆 2149 辆，营运线路 125 条，运营线路网长度达1915.55 千米，日均客运量 91.43 万人次；市区拥有出租汽车 8292 台，日客运量 37.3 万人次，年客运总量 1.5 亿人次。城市公共供水、供气、供热、供电、污水处理、垃圾处理等服务能力正在逐步提高。近年来，集中力量建设了长风大街、长风大桥、西北环连接线、引黄太原城市供水、东山热源厂、垃圾焚烧发电、河西北中部污水处理厂等一大批事关全局和长远发展的重大基础设施项目。

（2）教育事业进一步发展。2007 年年末，太原市共有高等院校 34 所（其中高职院校 22 所），中等专业学校 31 所，技工学校（包括技工部）54 所，普通中学 245 所，职业中学22 所，小学 882 所，幼儿园 804 所。全市幼儿入园率保持在90%以上，城区达到95%；小学学龄儿童入学率达99.9%，巩固率达100%；初中生入学率达99.9%，巩固率保持在99%；高中阶段毛入学率为92%。

(3) 科技事业健康发展。2007年，全市共有独立科研机构110所，工作人员1.44万人，全年安排科技发展项目256项，技术市场共登记技术合同135项，成交金额22978万元，比上年增长154.5%。科技成果转化率达40%，转化应用成果及专利751项，经鉴定的科技成果321项。全年共申请专利1788件，比上年增加330件，增长22.6%。每10万人专利申请数达到51项，比上年增加9项；高新技术产业增加值占地区生产总值的比重为6.6%，同比提高1.2个百分点。年末全市每千人拥有计算机236.8台。

(4) 医疗卫生事业稳步推进。全市共有医疗机构（含诊所）3240个，实有医疗床位23687张。每千人拥有医疗床位7张。各类专业卫生技术人员37658人，其中：执业医师11221人，执业助理医师958人，注册护士11827人。每千人拥有医生4人。城乡公共卫生体系进一步完善，社区卫生服务网络覆盖率达到86.6%。计划生育工作进一步加强，符合政策生育率达96.2%。新型农村合作医疗实现100%覆盖全市所有行政村的目标，实际参加合作医疗的农民有87.4万人，参合率达到87.2%。

4. 太原市生态环境建设现状

生态环境建设得到加强，城市环境质量不断改善。汾河城区段蓄水美化工程荣获“中国人居环境范例奖”和联合国“迪拜国际改善居住环境范例奖”，城西水系获“中国人居环境范例奖”。市区空气质量二级以上天数由2000年的45天增加到2007年的269天，环境空气综合污染指数在全国47个环保重点城市中的排位比2000年前进了七位。环境质量不断改善（见表7-2），主要表现在：

表7-2 2001—2007年太原市空气质量评价情况

Tab. 7-2 Air quality evaluation in Taiyuan from 2001 to 2007

指　标	2001	2002	2003	2004	2005	2006	2007
空气污染指数	4.65	4.38	3.75	3.24	2.92	3.07	2.86
二级以上天数	120	153	181	224	245	261	269

(1) 城市环境承载能力增强。城市日供水能力达到110万吨，气化率达到

97%，城市污水集中处理率达到63%，生活垃圾无害化处理率达到80%，集中供热率达到73%。

（2）空气质量逐步好转。从空气中主要污染物来看，2005年二氧化硫日均浓度值为0.077毫克/立方米，比2000年下降了0.123毫克/立方米，下降幅度为61.5%；二氧化氮年日均浓度值为0.020毫克/立方米，比2000年下降了0.045毫克/立方米，下降幅度为69.2%。2007年全年二氧化硫排放量14万吨，比上年下降13.8%，化学需氧量（COD）排放量3.06万吨，下降2.2%；从空气质量评价来看，2001年以来空气质量日趋好转，空气污染综合指数逐年下降，空气质量达到二级以上的天数稳定增长。

（3）水环境质量好转。以汾河太原段为例，“十五”时期水质考核的氨氮、挥发酚、石油类、五日生化需氧量、化学需氧量、高锰酸盐等六项指标的污染综合指数为34.64，平均超标6倍，处于严重污染水平，但比“九五”时期下降65个百分点，汾河水质相对有所改善，污染恶化趋势得到了控制。特别是2006年、2007年，山西省实施“蓝天碧水”工程以来，水环境保护得到有力推进，新建、扩建城市污水处理厂5个，全市医疗废弃物处理系统进行了升级改造等，太原市城市水环境功能区水质达标率为50%。

（4）生态环境建设成果丰硕。围绕建设生态园林城市，建成了汾河公园、龙潭公园、森林公园等一大批贴近老百姓的人居环境改善项目，建成区绿化覆盖面积7615公顷，园林绿地面积6610公顷，公共绿地面积1961公顷。建成区绿化覆盖率由29.9%提高到38.6%；人均绿地面积由5.7平方米提高到9.08平方米，绿地率达到33.5%，全市林地面积达329.66万亩，森林覆盖率达到31.4%，水土流失治理度达到46.3%。全市建成各类公园、游园59个，其中：综合性公园13个，专业类公园13个，社区游园29个，带状公园4个；建成街旁小游园、街心绿地60个，初步形成了“一圈、一环、二心、三轴、四区、十一河、多元渗透”的绿地系统。

5. 太原市文化建设现状

（1）文化硬件设施日趋完善。截至2007年年末，全市共有各类艺术表演团体14个，演职人员1523人。群艺文化馆12个，博物馆3个。全市各类单位公共图书馆馆藏图书4744.7万册。其中：公共图书馆355.9万册，学校图书馆3789.6万册，社区图书馆59.3万册，企事业单位图书馆539.9万册。全市平均每万人公共馆藏图书达到13.7万册，比上年增加1.2万册。国家综合档案馆11个，馆藏档案资料56.8万卷（册）。广播电台2座，节目12套，中、短波广播发射台和转播台1座。电视台2座，节目19套，1千瓦以上电视发射和转播台4座。全市广播人口覆盖率为99%，电视人口覆盖率为99.4%。

（2）非物质文化遗产保护力度加大。建立了太原市第一批非物质文化遗产名录（28项），其中有19项被确定为省级保护项目，18项提名申报国家级保护项目。进行了民间特色文化品牌命名，对“清徐徐沟背铁棍民间艺术之乡”等25项特色民间文化予以命名。

（3）绿色理念逐步走入公民心中。2006年，新一届领导上任以来，提出了“发展绿色经济，实现绿色转型”的施政方针，经过广泛宣传、部署，特别是全市评选“绿色十佳”活动，把绿色理念推到了一个新高度，绿色理念逐渐被人们认知、认可、接受，并主动从个人、从小事、从身边事做起。参阅专栏7-1。

专栏 7-1　能源大省山西：生态工业发展迫在眉睫

有这样一组数字：山西全省每开采 1 吨煤平均破坏的地下水净水量为 1.07 立方米、动水量为 1.41 立方米，合计为2.48 立方米。山西从新中国成立至 2005 年累计生产原煤约 87.7 亿吨，造成山西全省大面积地下水位下降，水井干枯，地面下陷，岩溶大泉流量明显减少，缺水使 7110 公里河道断流长度达 47%，水库来水逐年减少，一些小水库已经干涸。矿区生态问题十分严重，采煤造成的土地塌陷面积达 520 平方公里，并造成建筑物、道路、土地、河流、井泉、植被的破坏，煤矸石、尾矿、粉煤灰等工业固体废弃物累积堆存数量巨大，成为矿区重要的污染源。目前，采空区面积达5000 平方公里以上，在地面引起严重地质灾害的区域达2940 平方公里以上，每年新增塌陷区面积约 94 平方公里，由于采煤产生水土流失的影响面积为塌陷面积的 10%～20%，平均每生产 1 亿吨煤造成水土流失影响面积约为 245 平方公里。20 世纪 90 年代的 10 年间，山西农业受灾面积扩大了 57.3%，成灾面积扩大了 109%。山西采煤对水资源的破坏面积 20352 平方公里，占山西全省总面积的 13%。由于地下水系统的破坏，造成水利设施报废，地表植被死亡、粮食减产甚至颗粒无收。山西全省主要矿区内，平均每公顷耕地粮食减产 250 公斤，每年减少粮食产量 1.17 亿公斤……

1979 年至 2005 年，山西全省累计煤炭外调量为 50.33 亿吨，洗煤外调量累计为3.67亿吨，外调焦炭3.91亿吨，外调电力2677.3亿千瓦时，是全国外输能源最多的省份。外运煤炭从1983年突破亿吨起，到1992年突破2亿吨，达到2.06亿吨。1992年以来外调量一直稳定在2亿吨以上，2005年外调煤炭4.02亿吨，比1978年增长6.73倍，占全国煤炭净外调量的80%。外调煤炭的辐射面达到全国的26个省、市、自治区。而2005年外输电达到369.3亿千瓦时，占山西全省发电量的28.05%，比1978年增长130.9倍。2005年外调焦炭5474万吨，比1980年增长230.9倍，外调洗精煤3075万吨，比1978年增长14.1倍。据介绍，27年来，能源工业的产值、增加值和利税始终占到山西全省工业的1/3以上。从外销煤炭中直接收取的煤炭专项基金，27年累计约为554亿元，始终是山西省进行各项建设的主要财力来源，对山西省的经济建设起到了无可替代的作用。同时，能源基地建设带动了山西全省以能源产业为依托的各类高能耗产业、山西全省交通运输业的发展。

据山西省有关部门对山西工业经济效益和综合竞争力评价，山西工业综合竞争力2005年在国内31个省市中居第16位。工业经济效益指标中，总资产贡献率、流动资金周转次数、工业成本费用利润率和全员劳动生产率，分别在全国31个省市中居第17、第24、第19和第10位。结合1985年至2005年期间，煤炭、电力、冶金、化工和建材等五大行业占同期工业基建投入总量的56.8%，五大行业更新技改投资占到山西全省工业更新技改投资总额的66.4%，可以看出，山西的工业经济增长，是依托资源比较优势、依靠资金的规模投入来推动的，显现出高投入、低产出的粗放型经济增长特征。

山西省长期以来形成的以自然资源大规模开发为先导，以资源原材料输出为依托，以资源原材料产品增值加工为主线的粗放型发展模式及靠外延扩张的经济增长方式，靠量的等比例扩张使结构性矛盾愈加尖锐，难以为继。构建生态工业经济园区，推行生态产业发展，可以使产业结构调整和升级向合理利用资源、减少环境污染、提高经济效益的方向转化，可培育出新的经济增长点，扩大就业岗位，能极大地缓解资源、环境、人口的边界约束，是山西经济逐渐走出困境的必由之路。

资料来源：http：//www.sx.chinanews.com.cn/2008-03-19/1/61396.html

7.2　太原市城市建设的生态制约

7.2.1　基于生态足迹理论的太原市生态环境分析

1. 生态足迹理论

(1) 生态足迹理论概述。生态足迹方法是一种基于生态可持续发展角度，通过一定区域经济社会对区域生态系统占用和区域生态承载力之间的比较，判断区域可持续发展状况的方法。在世界各国、地区以及我国主要城市得到了广泛运用，特别是在生态城市建设的多领域、多范围得到普及推广，成为一种基本工具。这种工具的使用定量分析区域生态系统对社会经济发展的制约，为生态城市规划与建设提供现实依据。

生态足迹计算账户中生物生产土地主要考虑六种类型：化石燃料土地，指用于消纳化石燃料燃烧产生的废物（CO_2）的土地；耕地，指提供粮食、油料等农作物及经济作物产品的土地；林地，指可产出木材产品的人工林或天然林；草地，指适用于发展畜牧业的土地；水域，指主要提供水产品的上地；建筑用地，包括人类修建住宅、道路、水电站等所占用的土地。生态足迹的基本假设是：各类土地在空间上是互斥的，例如：一块地当它被用来修建房屋时，它就不可能同时是森林、耕地等。生态足迹的这种空间互斥性使得我们能够对各类生态生产性土地进行加总，从宏观上认识自然系统的总供给能力与人类系统对自然系统的总需求以及该地区的生态容量。

考虑到各类生物生产性土地之间生产力的差异，为了以一种精确而现实的方法将上述类型的土地合计为生态足迹和城市生态承载力，用当量因子将它们转换为具有等价生产力的土地面积。当量因子是某类生物生产性土地的生物产量与具有世界平均生产力的生物生产性土地的生物产量之比。

在计算生态承载力时，由于不同城市的资源产能不同，不仅单位面积不同类型的土地生产能力差异很大，而且单位面积相同类型生物生产土地的生产力也有很大差异。因而，不同城市同类型生物生产土地的实际面积是不能直接比较的，需要对其进行调整。不同城市的某类型生物生产面积所代表的本地产量与世界产量的差异可用产量因子来表示，产量因子是某个城市某类型土地的平均生产力与世界同类型土地平均值的比率，将现有的耕地、草地、林地、建筑用地和水域等物理空间的面积乘以相应的当量因子和产量因子，就可以得出生态承载力。

另外，有效生态承载力是指城市生态承载力中扣除为保护生物多样性而留出部分外可以供人类使用的那部分承载力，留出部分一般应占到生态承载能力的 12％。

本书中的生态足迹计算方法，参考了国内外关于生态足迹的多种算法，特别是参考了瓦克纳格尔的生态足迹计算框架，并结合太原市的数据收集情况，对一些项目的计算内容和方法进行了改进。在计算过程中，生物产品的全球均衡产量的数据主要来自于世界粮农组织公布的全球产量数据，非生物资源的全球均衡产出采用瓦克纳格尔计算框架所确定的全球土地平均产出率，而产出因子和均衡因子来自于“发展重定义组织”对 1996 年中国国家生态足迹测算时所采用的数据。

（2）生态足迹理论的计算模型。

① 城市生态足迹计算。其计算过程如下：

第一，通过查询统计资料，获得城市一定年份的消费量数据，主要包括粮食、油脂、肉类、禽类、蔬菜、水果、水产品、酒类等。利用当年人口计算第 i 项的人均年消费量值 C_i。

第二，计算生态足迹的各项组分 A_i，即：

$$A_i = C_i / P_i$$

式中：A_i——第 i 项消费项目人均占用的实际生态生产性土地面积；

P_i——第 i 项消费项目的年平均生产力（生产该消费项目的生物生产性土地的平均产量）。

根据工业经济技术指标，可以将纸张、家具等转换为所需原材料，如木材等，并根据能量强度指标计算固化在生活用品中的能量值，由此计算出生产原料和消纳废物所需的生态空间大小及类型。生活用能主要包括煤炭、电力、液化石油气等，将能源的具体消耗量折算为统一的能量单位就可以计算出所需的化石能用地大小。住区是用建成区来计算建筑的生态足迹，因为考虑到居民不仅消费一定的住宅地，还有其他的商业用地、交通用地等。

第三，计算城市人均生态足迹 EF，即：

$$EF = \sum r_i A_i$$

式中：EF——城市人均生态足迹；

r_i——当量因子。

② 生态承载力计算。根据城市土地利用现状变更调查统计结果，在扣除12%的生物多样性保护面积之后，计算出相应的生态承载力（人均生态容量）EC，即：

$$EC = \sum B_i r_i a_i$$

式中：B_i——城市人均 i 类生态生产性土地的面积；

a_i——产量因子，是城市某类土地的平均生产力与世界同类平均生产力的比率；

r_i——当量因子。

参阅表 7-3：

表 7-3　生态足迹测度中的土地类型及当量因子

Tab. 7-3　Land productive areas and equivalence factors in ecological footprint

土地类型	主要用途	当量因子	备　注
化石燃料用地	吸收人类释放的 CO_2	1.1	①以全球生态平均生态力为 1 ②当量因子以 Rees 和 Wackernagel 提出的生态足迹计算方法为理论依据，采用联合国粮食组织有关生物资源 1993 年的世界平均产量资料计算得到的
耕　地	种植农作物	2.8	
大　地	提供林产品和木材	1.1	
草　地	提供畜产品	0.5	
水　域	提供水产品	0.2	
建筑用地	人类定居和道路用地	2.8	

③生态盈余计算，见下式：

$$ES = EF - EC$$

结果分析生态足迹测量了人类维持一定的消费水平所必需的生物生产面积，将其同城市所能提供的生物生产面积进行比较，就能为判断一个城市的生产消费活动是否处于当地承载力范围内提供定量的依据。城市的实际生态足迹如果超过了城市所能提供的生态承载力，就出现生态赤字（ecological deficit）；如果小于城市所能提供的生态承载力，则表现为生态盈余（ecological surplus）。生态赤字和生态盈余，反映了城市人口对自然资源的利用状况。通过比较人均生态足迹和生态容量，可以确定研究对象的生态盈余/生态赤字，从而为制定政策提供科学依据。

结果分析可从生态足迹的供需平衡状况分析、生态足迹的供需结构分析、生态足迹的纵向或横向比较分析等几个方面展开。当需要进行不同年份或不同城市的比较分析时，只需根据给定的时间范围或样本城市，重复相应的分析过程。

2. 太原市生态足迹与生态承载力分析

(1) 数据来源。本书对太原市 2002 年至 2007 年生态足迹计算采用的基础数据，来自于历年的太原市统计年鉴；生态承载力计算时所采用的土地利用现状的基础数据，来自于当年的土地利用公报和土地变更数据。

根据生态足迹的理论，在生态足迹计算中，将消费项目划分为生物资源消费和能源消费两大类。生物资源消费项目主要包括农产品、动物产品、林产品、水果、水产品；能源资源项目主要包括煤炭、石油制品、焦炭、社会用电。

农产品：粮食、油料、棉花、蔬菜。

动物产品：肉类，主要包括猪肉、牛肉、羊肉、禽肉；奶类、禽蛋。

林产品：核桃、花椒、板栗。

水果：苹果、梨、葡萄、红枣、柿子。

水产品：主要指淡水鱼类。

(2) 数据的处理方法。生物资源面积折算，采用联合国粮农组织 1993 年计算的有关生物资源的世界平均产量资料，将太原市 2002 年至2007 年的生物资源消费转化成为提供这种消费所需要的生物生产面积，计算出历年生物资源消费的生态足迹。

能源消费部分的计算，采用世界上单位化石能源土地面积的平均发热量为标准，将当地能源消费所消耗的热量折算成一定的化石能源土地面积，计算出 2002 年至 2007 年的能源消费的生态足迹。

(3) 生态足迹与生态承载力分析。

① 生态足迹分析。近年来，太原市的经济快速发展，人民生活水平大幅度提高，伴随着这些变化的是区域资源、能源的消耗迅速增加，突出地反映在生态足迹的快速增长上。太原市人均生态足迹从 2002 年的 5.47 增加到 2007 年的 7.75hm^2，生态足迹需求呈现出不断增长趋势，特别是近年来增长的速度加快，见表 7-4、图 7-2、图 7-3 所示。

表 7-4　太原市 2002—2007 年人均生态足迹汇总表

Tab. 7-4　Ecological footprints per capita in 2002—2007 of Taiyuan

土地类型	2002	2003	2004	2005	2006	2007
耕地	0.151763	0.133	0.158123	0.153569	0.150742	0.202788
林地	0.014601	0.016	0.017099	0.032588	0.043283	0.039622
草地	0.180587	0.159	0.175257	0.18583	0.11247	0.122169
化石能源土地	5.107961	5.296	7.03636	7.170408	7.074911	7.358288
建筑用地	0.01299	0.012	0.015138	0.01455	0.019161	0.021121
水域	0.00487	0.005	0.005654	0.00594	0.004194	0.004424
合计	5.472772	5.621	7.407631	7.562885	7.404762	7.748413

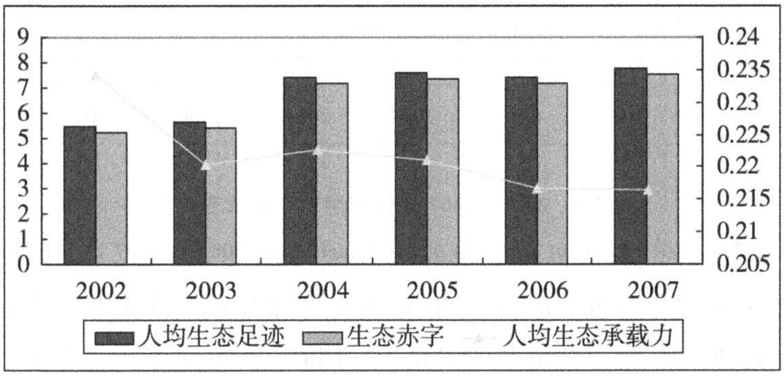

图 7-2　2002—2007 年太原市生态足迹、生态承载力及生态赤字变化

Fig. 7-2　The change of ecological footprint, ecological carrying capacity and ecological deficit in 2002—2007 of Taiyuan

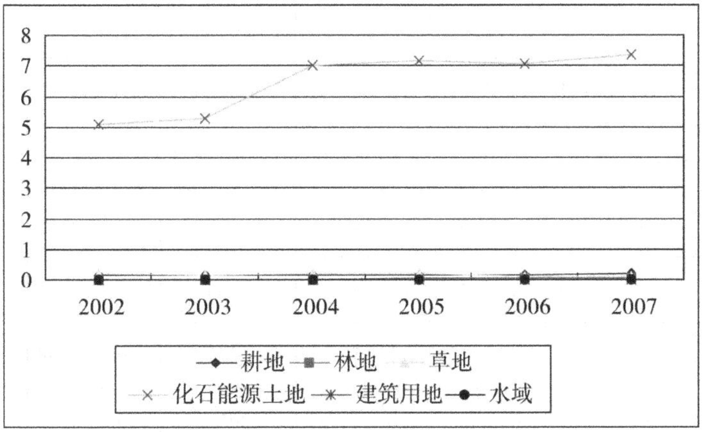

图 7-3　2002—2007 年各种生态需求变化情况

Fig. 7-3　The change of ecological demands in 2002—2007 of Taiyuan

从太原市生态足迹结构的角度来看，化石能源足迹所占比例最大，占到全部人均生态足迹的93%以上。从五年的人均生态足迹的变化来看，化石能源生态足迹的显著增加和耕地足迹的缓慢下降是太原市生态足迹结构演化的最主要的特征，这说明了快速工业化与城市化所导致的能源消耗的增加是推动太原市人均生态足迹增加的主要原因，如图 7-4 所示。

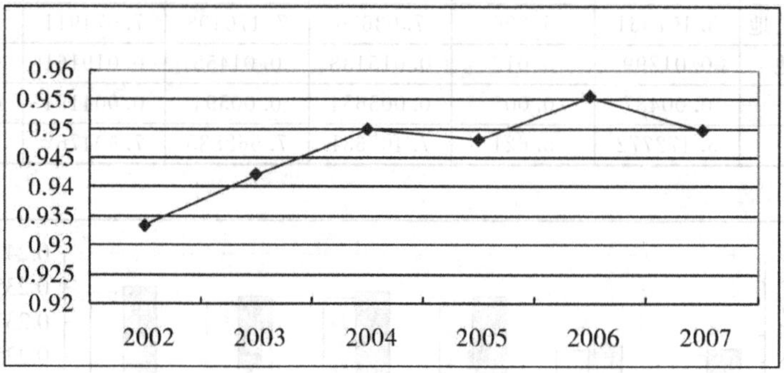

图 7-4　2002—2007 年化石燃料类需求变化图

Fig. 7-4　The change of demands of fossil fuels from 2002 to 2007 in Taiyuan

② 生态承载力分析。从 2002 年至 2007 年太原市人均生态承载力看，呈逐渐下降趋势，从 2002 年的 0.234hm^2/人下降到 2007 年的 0.216hm^2/人，见表 7-5、图 7-5 所示。

表 7-5　太原市 2002—2007 年人均生态承载力汇总表

Tab. 7-5　Ecological carrying capacity per capita in 2002—2007 of Taiyuan

土地类型	2002	2003	2004	2005	2006	2007
耕　地	0.21779111	0.199	0.18764043	0.18006591	0.1720703	0.17134315
林　地	0.06296562	0.05	0.07114483	0.07041261	0.07062585	0.07046291
草　地	0.00123616	0.003	0.00114418	0.00110937	0.00109679	0.00109457
建筑用地	0.00242969	0.00243	0.00238609	0.00234151	0.00235687	0.00237348
水　域	0.00060959	0.001	0.00058342	0.00057581	0.00056668	0.0005615
多样性保护	0.03420386	0.030652	0.03154787	0.03054063	0.02960598	0.02950027
合　计	0.251	0.225	0.231	0.224	0.217	0.216

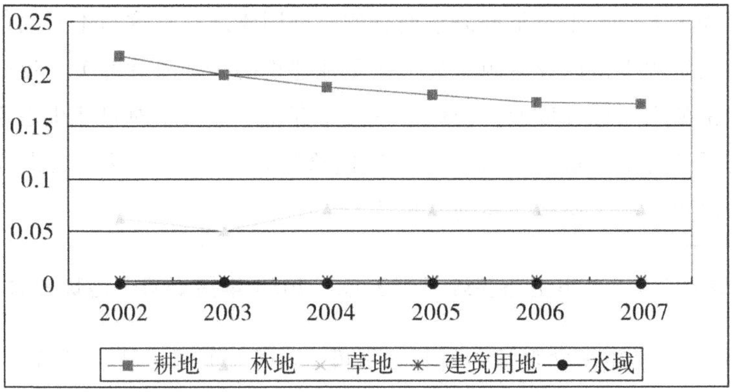

图 7-5 2002—2007 年人均生态承载力组成

Fig. 7-5 Composition of ecological carrying capacity per capita in2002—2007

从太原市人均生态承载力的构成来看，耕地和林地是生态承载力的主要源泉，提供了人均生态承载力的 97%以上。太原市地处黄土高原，水资源严重缺乏，水域、草地的贡献特别少。另外，近几年来为改善太原市的环境，兴起轰轰烈烈的植树运动，特别是“绕城林带”“绿化东西山”及沿高速路的绿化工程实施以来，取得了很好的效果，林地的人均生态承载力比重呈现上升趋势，为提高太原市的生态承载力作出了巨大的贡献。但同时我们也必须清醒地看到随着城市规模的不断扩大，城市周围的农村城市化，一块块耕地变成了住宅、商场、公司，耕地提供的生态承载力在逐步减小。

③ 生态赤字分析。根据太原市 2002 年至 2007 年生态足迹与生态承载力的比较发现，太原市的生态赤字呈逐年上升趋势，从 2002 年的 5.222hm^2/人到 2007 年的 7.532hm^2/人，从生态角度，生态赤字表明了太原市经济社会发展对自然生态系统的需求已经远远大于当地生态的提供能力，而且这种差距越来越大。可以讲太原市的生态系统已经远远不能提供城市发展的生态支撑环境。目前的维持，一方面，严重地依赖城市之外的生态系统来提供资源供给和生态系统服务，将自身的生态压力向城市之外转移，以占用其他地区的资源满足自身的发展；另一方面，走“生态负债”运行之路，大量过度地消耗自身的自然资源以满足供给的不足，以损耗自身的自然资源作为发展的代价。目前太原传统的城市建设模式严重制约了城市的全面、健康、快速、可持续发展。

以 2007 年为例，人均生态足迹为 7.748hm^2，而实际太原市能提供的仅为 0.216hm^2，生态足迹是其生态承载力的 35.9 倍，人均生态足迹赤字为

7.532hm^2。另外，在总的生态足迹中，化石能源所占比重为95%。较高的能源消耗是加大太原市生态足迹需求增长的主要因素之一，这与本身的能源资源特别是煤炭资源丰富以及能源重化工业基地建设的客观条件有关。反映了太原市社会经济的发展过分依赖于消耗自然资本存量，加大了对自然生态系统的压力，生态承载力中，耕地占总生态足迹供给的近69.7%，反映出太原市生态足迹供给严重依赖于耕地。参阅专栏7-2。

专栏7-2 人类生态耗竭已超五成 2030年需要两个地球资源

2010年《地球生命力报告》和《中国生态足迹报告2010》先后公布，有专家据此提醒，如果继续以超出地球资源极限的方式生活，到2030年，人类“将需要两个地球来满足需求”。

生态足迹，是指为满足人类的资源消费和吸纳废物所需要的土地和水域数量。简单理解，“生态足迹”可以直观地显示一个人或者一个城市、一个国家“消耗了多少地球资源”。

以最新的2007年“生态足迹”计算表明，人类的生态耗竭已经超过50%，这表示地球需要1.5年的时间来产生人类所用的可再生资源和吸收排放的二氧化碳。换句话说，人类需要1.5个地球来满足生活和生产活动对资源的需求。

世界自然基金会（WWF）中国副首席代表李琳博士表示，如果继续以超出地球资源极限的方式生活，到2030年，人类“将需要相当于两个地球来满足每年的需求”。

实际上，从20世纪80年代起，人类社会就已经超过了每年的“生态足迹”和地球每年生态承载力的均衡点，人类的资源消耗速度开始超过地球的可再生能力，人类排放二氧化碳的速度也开始超过生态系统的吸收能力。这就是通常所说的“生态超载”。

另一份报告，是同样由世界自然基金会联合中国环境与发展国际合作委员会共同发布的《中国生态足迹报告2010》。报告指出，我国“生态足迹”总量目前仅低于美国，居全球第二位。过去30年里，随着经济的发展，中国的人均收入增长了50多倍。然而，迅速的工业化、城镇化和农业集约化也增加了对自然资源的压力。

报告分析表明，2005年至2008年，中国“生态足迹”增长速率较之前5

年总体有所放缓，生物承载力持续增加；同时，中国人均消费“水足迹”不到全球人均水平的一半，中国对水资源的消费总体上相对节约和高效。然而，对于中国这样一个人均生态资源稀缺、处于经济快速发展的发展中国家，“生态足迹”增加的速度远高于生物承载力的增长速度。

报告还指出，碳排放、城镇化和个人富裕程度成为影响中国生态足迹的主要因素。2008年，与建筑、交通运输、商品消费、服务供给等能源需求相关的“碳足迹”，在中国29个省级行政区的总体生态足迹中超过50%。其中，上海、北京和天津3个直辖市以及工业大省山东，“碳足迹”的比重超过了65%。

报告显示，在人均GDP超过人民币3万元（约4500美元）的省份，人均生态足迹与人均GDP呈现非常明显的正相关关系；研究显示，人均“生态足迹”与城市化水平直接相关，目前中国城乡之间的人均“生态足迹”差异非常明显，城镇居民比乡村居民的人均“生态足迹”明显要多，前者是后者的1.4～2.5倍，并具有快速拉大的特征。2008年，人均“生态足迹”北京最高，云南最低。从1985年至2008年，上海、北京、天津、广东和重庆的人均“生态足迹”增幅最大。

资料来源： http：//news.sohu.com/20101118/n277715966.shtml

7.2.2 基于生态承载力理论的太原市生态承载力分析

1. 生态承载力理论概述

（1）生态承载力理论（如图7-6所示）。生态系统有自我维持和自我调节的能力，在不受外力和人为干扰的情况下，生态系统可保持自我平衡状态，其变化的范围是在可自我调节的范围内，生态学称之为稳态，如果系统受到干扰，当干扰超过系统的可调节能力或可承载能力范围后，则系统平衡就破坏，系统就会瓦解，崩溃。一个地区和城市的可持续发展必须建立在生态完整、资源持续供给和环境长期有容纳量的基础之上，也就是一个城市的健康发展必须有持续的资源供给，同时必须有足够的环境容量容纳城市发展所排放的各种废弃物，使得城市发展综合压力小于城市生态资源承载和环境承载力。因此，城市的发展包括人类活动必须限制在城市生态系统的弹性范围内，也就是不能超

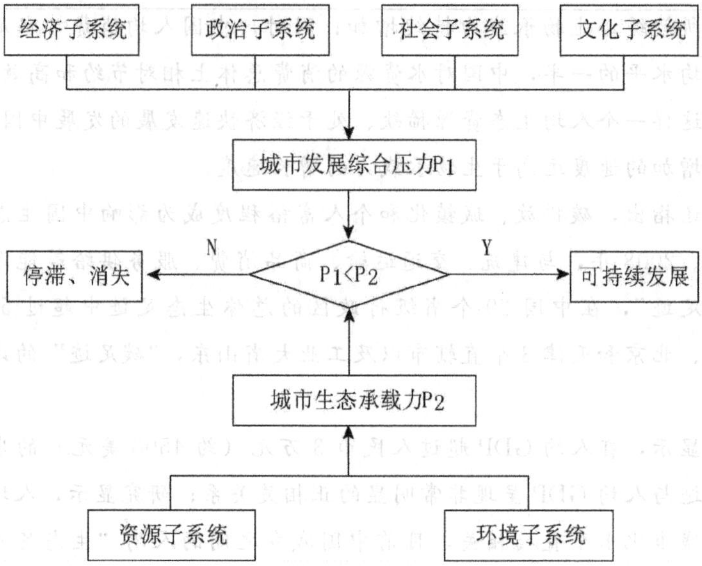

图 7-6　生态承载力理论图解

Fig. 7-6　Theory of ecological carrying capacity

载生态系统的承载限值。

自然生态系统具有稳态机制，其内部建立了自校稳态机制，但是这种稳态机制是有限度的，当系统承载力超过稳态限度后，系统就会发生转变。著名生态学家 O-dum E. P. 将这种变化比作是一系列台阶，称作稳态台阶。在稳态台阶范围内即使有压力使其偏高，仍能借助其负反馈保持相当稳定，超出这个范围，正反馈系统迅速破坏。因此，我们必须将生态系统保持在其自我调节的范围内（如图 7-7 所示）。

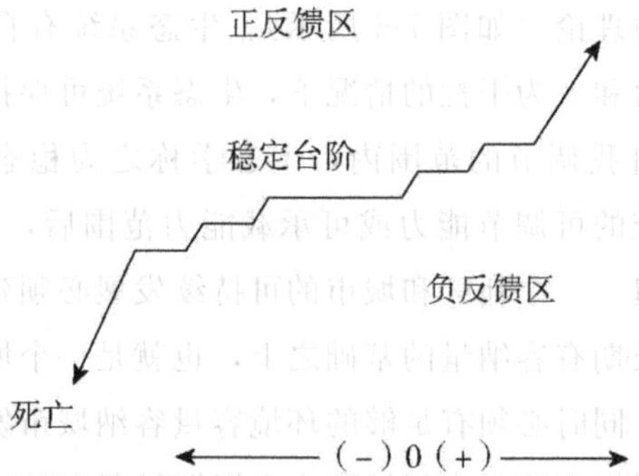

图 7-7　生态系统状态变化图

Fig. 7-7　The map of eco-system state changes

(2) 相关概念解释。生态承载力：指生态系统的自我维持、自我调节能力，资源与环境子系统的供容能力及其可维育的社会经济活动强度和具有一定生活水平的人口数量。在一个特定时期，其值是固定的。在不同时期生态承载能力是不同的，如果人类活动强度超过其自我调节能力，生态环境破坏，其承载力下降，相反，人类重视环境保护，也可以提高生态承载力；生态承载力可以体现在多个不同层次上，既可以是小单元，也可以体现在景观、区域、地区以及生物圈等不同的层次。

生态—资源承载力：在一定时间、一定区域范围内和一定的技术条件下，在不超出生态系统限度条件下的各种自然资源的供给能力及所能支持的经济规模和可持续供养的具有一定生活质量的人口数量。这是一种适度的承载力，而不是最大的承载力。生态资源承载力的大小取决于生态系统中资源的丰富程度、人类对资源的需求以及人类对资源的利用方式与手段。最大资源承载力是指一定区域范围内通过各种技术手段等可达到的资源承载能力，有损于环境与生态承载力；适度资源承载力是指一定区域内在不危害生态系统的前提条件下的资源承载能力。

生态—环境承载力：在一定生活水平和环境质量的要求下，在不超出生态系统弹性条件限度下环境系统所能承纳的污染物数量，以及可支撑的经济规模与相应人口数量。其大小主要取决于人类的环境标准、环境容量和人类的生产生活方式。

生态弹性力：指生态系统的可自我维持、自我调节及其抵抗各种压力与扰动的能力大小，其内涵包括两个方面，一是系统的弹性强度，二是系统的限度。弹性强度主要取决于系统的自身状态，即地形地貌、气候条件、土壤、水分供求转化及植被状况，是从一种状态到另一种状态的变化，是间断的，不可逆转的；弹性限度主要取决于植被的发育状况。其变化是在同一状态和层次里进行，可以逆转。生态弹性力是生态承载力的重要支撑条件，也是生态承载力的重要判断依据。

(3) 计算方法。根据高吉喜等学者的研究，承载压力度的基本表达式为：

$$CCPS=CCP/CCS$$

式中：CCS—— 生态系统中支持要素的支持能力大小；

CCP—— 生态系统中支持要素的压力大小。

在实际计算中，我们根据具体情况对其进行转化。资源承载力可转化为：

$$CCPS^{res}=P_t\times(Q_t^{res}/Q_s^{res})^{-1}$$

当以承载饱和度表示时，则为：

$$CCF^{res}=1-(Q_t^{res}/Q_s^{res})\times P_t^{-1}$$

式中：$CCPS^{res}$——以人口表示的R资源压力度；

Q_t^{res}——某地区某种资源实有量；

Q_s^{res}——标准人均R资源占有量；

CCF^{res}——承载饱和度；

P_t——某地区实际人口数。

当$CCPS^{res}$为零时，表明这种资源承载压力度达到平衡，人口数量适中；当$CCPS^{res}$为正数时，表明人口压力大于资源承载能力；反之，当$CCPS^{res}$为负数时，表明资源承载能力大于人口压力，$CCPS^{res}$越小，压力度越小（高吉喜，2001）。

2. 太原市的资源承载压力分析

本书以水资源和耕地资源为研究对象，对太原市的生态承载力进行了研究，并与山西省的其他10个地级城市进行对比（见表7-6）。

从全省水资源承载压力度CCF的计算结果来看，长治、晋城、朔州、晋中、忻州等5个地市水资源承载压力度CCF小于0，表明人口压力小于水资源的承载能力，生态系统较完整，承载能力较强。而太原市作为山西省省会城市，人均水资源占有量仅为78.9立方米，不及全省平均水平的三分之一，其CCF为0.685，在11个地市中最大，表明太原市的人口压力大于水资源的承载能力，生态系统已受到严重的破坏，城市生态系统的水资源承载能力严重不足。

表7-6 山西省各市生态承载力现状

Tab. 7-6 Present situation of ecological carrying capacity about city in Shanxi

地　区	人均水资源（立方米/人）	人均耕地（公顷/人）	水资源CCF	耕地CCF	水资源CCF*（全国标准）	耕地CCF*（全国标准）
太原市	78.895	0.039	0.685	0.651	0.968	0.639
大同市	223.573	0.121	0.109	−0.071	0.911	−0.109
阳泉市	189.371	0.043	0.245	0.620	0.924	0.606
长治市	331.202	0.105	−0.321	0.073	0.868	0.040
晋城市	444.560	0.082	−0.773	0.273	0.822	0.247

续　表

地　区	人均水资源（立方米/人）	人均耕地（公顷/人）	水资源 CCF	耕地 CCF	水资源 CCF *（全国标准）	耕地 CCF *（全国标准）
朔州市	348.936	0.204	−0.391	−0.807	0.860	−0.870
晋中市	276.235	0.111	−0.101	0.020	0.890	−0.014
运城市	190.673	0.107	0.240	0.050	0.924	0.016
忻州市	396.643	0.209	−0.581	−0.853	0.841	−0.919
临汾市	227.751	0.111	0.092	0.016	0.909	−0.019
吕梁市	223.438	0.137	0.109	−0.217	0.911	−0.260
全　省	250.805	0.113	0.000	0.000	2500.000	0.109

数据来源：山西省统计年鉴，2006。

从全省资耕地源的承载压力度 CCF 计算来看，大同、朔州、忻州、吕梁 4 市的 CCF 小于 0，表明耕地资源承载能力大于人口压力，耕地资源承载能力可以支持该地区的人口和经济活动，而太原市人均耕地占有量为 0.039 公顷，是全省平均水平的三分之一，与其他城市相比人均占有量最少，表明太原市耕地资源承载能力不能支持本地区的人口和经济活动，处于严重超负荷运转的状态。

太原市发展的资源承载压力之巨大，与太原市产业结构、人口压力、生产方式等不能分开。一直以来，太原市作为山西省的省会城市，山西省政治、经济中心，在省内占据重要的地位，经济占全省经济的 20%以上，人口占全省的 11%以上，人口增长与经济发展等领先于省内兄弟城市，改革开放以来，太原市经济翻了 4 番多，达到 1255 亿元，年平均增长速度为 11.2%，人均 GDP 翻了 3 番，达到 4782 美元，年均增长 9.5%，人口年均增长速度为 1.88%。特别是近年来太原市人口增长、经济增长、社会发展速度更快，产业结构偏重，煤、焦、铁产值占全市经济的比重相当高，特别是市传统资源型产业占全市经济比重偏大，全市 90%以上的一次能源、80%以上的工业原材料均来自于矿产资源；经济增长方式粗放，资源利用度小，万元生产总值能耗比全国平均水平高 40%，万元生产总值耗水量比全国平均水平高 60%。导致资源的过度消耗，生态资源承载压力剧增，呈现出整体的生态环境不断的恶化的态势，造成城市畸形发展（如图 7-8 所示）。

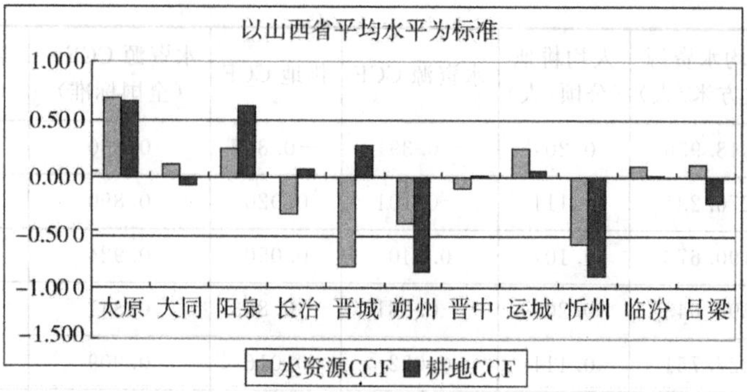

图 7-8 山西省各市的水资源和耕地承载能力

Fig. 7-8 The carrying capacity of water and plowland about cities in Shanxi

3. 太原市环境承载力分析

环境承载能力取决于气候、环境状况等多种因素，但对于一个特定地区，环境承载力一般取决于河流和大气的污染，即污染负荷或污染饱和度大小。简化计算，本书以 2003 年至 2007 太原市及全省其他 10 个地级城市二级以上天数和 2005 年大气综合污染指标体系中的颗粒污染物和 SO_2 污染物两项指标为特征污染物，计算其环境承载力情况（如图 7-9 所示）。

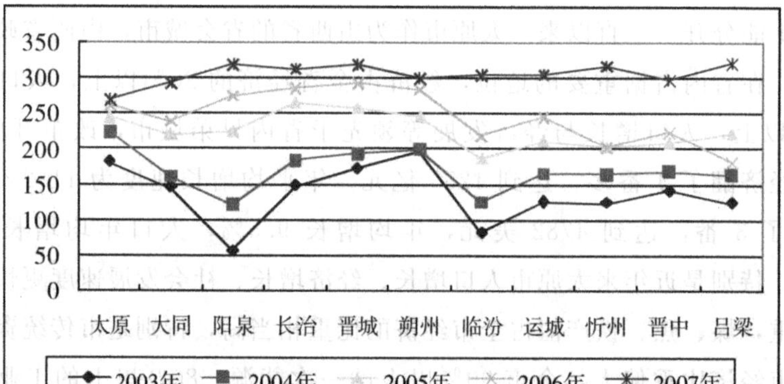

图 7-9 2003—2007 年太原市与其他城市空气质量二级以上天数变化情况

Fig. 7-9 Days conformed to the standard of above grade Ⅱ of cities in Shanxi from 2003 to2007

（1）二级以上天数。从二级以上天数统计数据中可看出：太原市及其他城市的达二级以上天气的天数在逐年增长，2005 年是二级以上天数增长最快的一年，比 2004 年增长 33.7%。太原市 2004 年的二级以上天数比 2003 年增长 11.8%。2007 年太原市 73.7% 时间空气质量达二级，比 2003 年的增长了 24.11%。

从 5 年的数据来看，太原市二级以上天数的增长速度远远低于全省平均水平，2007 年，全省增长速度为 24.2%，而太原市只增长了 7 天，增长率为 2%。2007 年，全省 11 个城市中有 8 个城市的二级以上天数达到 300 天，而太原市只有268 天，是山西省二级以上天数最少的城市，成为山西省空气质量最差的城市。如图 7-10 所示。

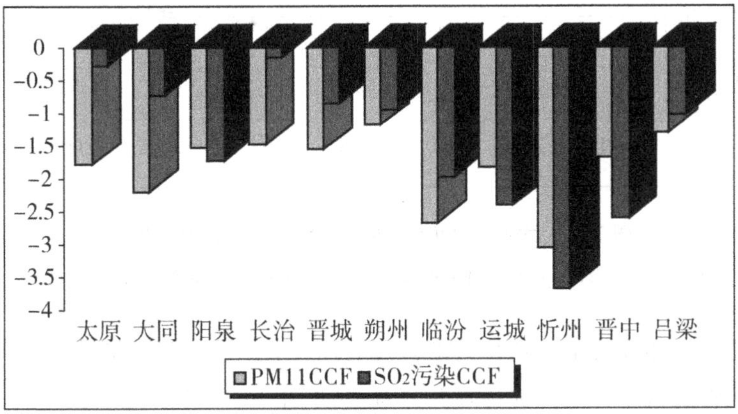

图 7-10　2005 年太原市与其他城市环境承载力比较（以 PM10CCF 和 SO_2CCF）

Fig. 7-10　Comparison environmental carrying capacity of Taiyuan to other cities in Shanxi in 2005

同时，我们还要考虑一个质量问题。尽管二级以上天数在不断增长，但空气质量还存在不小的问题。首先从统计方面看，达到二级的指标是一个范围，即空气污染指数 API 从 51～100，从统计数值来看，相当多地属于标准的下限，即临界于二级与三级范围内。其次，还存在各地市为了完成年度任务采取一些措施来短期改变大气质量。从人们的感知来看：太原市空气质量有待于进一步提高，由于空气质量差，太原市呼吸系统疾病、肺心疾病以及癌症的发病率与死亡率近年来有上升趋势，特别是冬季呼吸道疾病发病率较其他季节高出 20%。2005 年，国家环境监测总站发布的全国环境质量报告显示：在全国 113 个重点城市中太原排名 91 位，太原市比排名首位的海口市综合污染指数高出近 9 倍，空气质量不容乐观。2006 年在全国 47 个重点城市中排名倒数第 4

位，仍然是全国污染最严重的城市之一。太原市环境压力不容忽视。

(2) 大气综合污染指数。从大气中的主要污染物情况来看：太原市PM10CCF和SO_2CCF都是负值，表明太原市的环境承载能力都超过了达到国家规定的相应标准的承载力（如图7-11所示）。

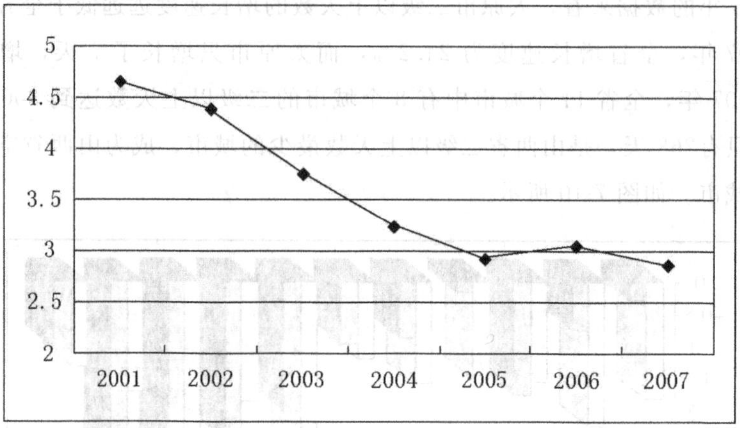

图7-11 太原市2001—2007年环境污染指数变化图

Fig. 7-11 The change of pollution index from 2001to 2007in Taiyuan

太原市的环境污染以颗粒污染物为主。从多年的监测结果纵向来看，太原市同山西省的情况一致，其环境污染轨迹呈倒"U"型，即：改革开放以来，太原市环境污染逐年加重，进入新世纪以来，随着环境污染加剧带来的生态系统破坏，从中央到地方各级政府都制定和实行严格的环境保护制度，城市大气质量才逐渐改善，特别是山西省实施"蓝天碧水"工程以来，太原市围绕建设园林生态城市，环境保护投入逐年增加，打击污染环境的力度逐年增大，太原市环境污染呈现出逐渐改善的趋势。

从全省11个城市2003年至2007年污染指数变化来看，普遍呈现出逐年下降趋势，但变化程度不同，晋中市变化幅度最大，达到61%，而太原市变化幅度只有23.7%，全省倒数第二。从2007年数值来看，太原市为2.86，维持在高位，仅次于运城市（见图7-12所示）。

总的看来太原市的大气污染相当严重，环境承载力已经远远超过其承载范围，已经超越其自身的调节能力，对人类的经济、社会生活产生了重大影响，更严重的是可能使其生态系统遭受到严重破坏，影响到人类与生物的生存。参阅专栏7-3。

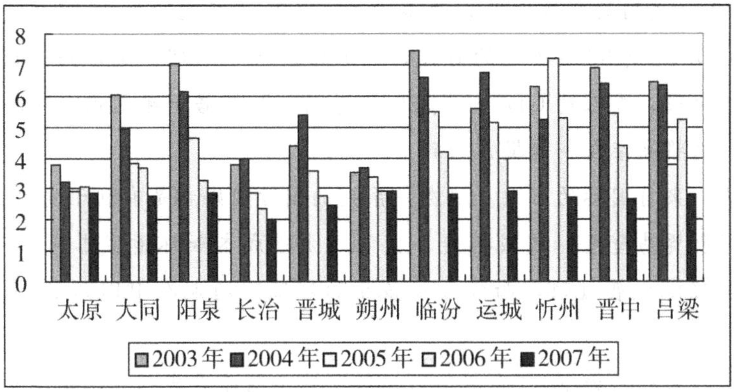

图 7-12　全省 11 个城市 2003—2007 年污染指数变化比较

Fig. 7-12　The change of pollution index from 2003 to 2007in the cities of Shanxi Province

专栏 7-3　现实国情——“先污染后治理”行不通

尽管中国政府和民众在环境保护和治理方面积极响应并行动起来，从征服珠峰到保护珠峰，从保护“母亲河”到“长江行动”，从随手关灯到不随地吐痰；从政府到民间，从老人到小孩，环保意识已经成为很多人的习惯和自觉，更成为政府决策的重要依据，治理污染也已经起步。有人认为：英、美等发达国家随着人均 GDP 的不断增长，环境污染程度也在不断降低。先污染后治理，已经被西方国家反复论证了许多年，要发展工业都逃不过这一劫。中国的现代化必须要经过传统工业化这一阶段，可以先污染后治理。

这种论调站不住脚的最大理由就是我们的国情：

首先，来自国内的压力。新中国成立以来，我国人口从 6 亿到 13 亿，增长了 1 倍；而可居住土地由于荒漠化和水土流失，从 600 万平方公里减少到了 300 多万平方公里，几乎减少了一半。能源、资源的压力不断加大；我国的劳动生产率是发达国家的 1/30，而能耗是发达国家的 6～8 倍。目前我国二氧化硫排放量达到 2600 万吨，超出环境容量 1 倍；酸雨的覆盖率达到国土的 1/3；70％的江河湖泊受到污染，90％流经城市的河流严重污染；3 亿多农村人口喝不到安全的水，4 亿多城市居民呼吸着严重污染的空气，每年有 1500 万人因此患上呼吸道疾病。预计，如果按照目前的污染水平发展下去，随着15年后我国的经济总量翻两番，污染负荷还可能增加4～5倍。发达国家人均GDP达到8000美元的时候，能够回过头来治理污染，而我们根本走不到那个阶段，在人均GDP达到2000美元也即在若干年之内，环境的危机和其他问题将夹杂在一起提前来到。

其次，来自国际的压力。现在一系列的国际规则都是有利于发达国家的。比如：绿色贸易壁垒、碳减排等，我们的生态成本和环境成本转移不出去。由于我国经济发展过快，西方100多年的环境问题也在中国的20年中集中体现。

在这种两种压力下，“先污染后治理”这个路子在我国根本走不通。转变发展方式，促进产业升级和结构调整，提高能源利用效率，减少污染才是正当之路。

——人民网-市场报 2007-6-4 作者进行了归纳整理。

7.3 太原市城市生态氛围的调查

笔者对太原市及山西省部分城市进行了一次小范围的调研，地区分布在太原、忻州、朔州、长治、孝义、离石和方山等市县的部分城市。

参加者有政府部门的工作人员、事业单位工作人员、国企工人、私企老板、学生、教师，还有自由择业者等。年龄在20～50岁之间，学历有高中以下，高中、大专、本科和研究生。

本次共发放问卷1000余份，有效问卷850份。

问卷设计：问卷从经济、政治、环境、文化、社会等5个方面列出65个问题，每个问题提供4个选项，进行多项选择。

问卷的汇总分析方法：收回的有效问卷，先进行分城市汇总统计，后总汇总。在汇总的过程中，根据选取个问题选项的重要性和科学性分别赋值，统计时分别按照答卷人数占总人数的比值与所赋分值相乘计算出单项得分再相加，得出该问题的总后分值。最后，按照经济、政治、环境、文化和社会等5个方面再汇总（如图7-13所示）。

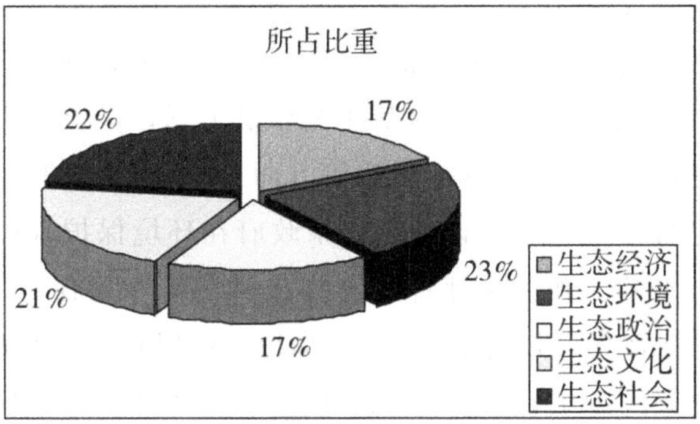

图 7-13　各系统所占比重

Fig. 7-13　The proportion of various systems

问卷调查结果及分析：

（1）从调查问卷统计分析来看，生态经济、生态政治方面所占的比重稍低点，分别是 16.9%和 16.7%。表明这两个方面各城市建设方面人们对此的期望值较高，而现实的状况较差。生态经济环境直接关系人民的物质生活质量，生态政治环境直接关系人民的民主政治生活质量，是人民最为关心的两个指标。

（2）纵向比较。

生态经济方面：在 5 个方面所占的比重较小的只有 16.9%。调查显示：47%的居民认为工业主要依赖采矿业和冶炼业，26%的居民认为经济主要依赖农产品加工业；71%以上的居民认为当地的污染很严重；只有 17.8%的居民认为当地的服务业发展速度快；60%的居民认为当地的高新技术企业比重很低，77.8%的居民认为年人均收入在 5000 元以下。从中可以看出经济结构不合理，产业单一，过分依赖采矿业、冶炼业，服务业等第三产业不发达，造成的污染比较严重。

生态环境方面：在 5 个方面所占的比重最高为 23.7%。调查显示：63.8%的居民认为当地的环境有所下降；55.6%的居民认为空气污染主要来自于当地的工业企业，有 26.4%的居民认为是机动车尾气造成；污水、垃圾处理方式不当，仅有 26%的污水由污水处理厂处理，31.7%的垃圾由处理厂集中处理。48.5%的居民认为公共绿地太少，42.6%的居民认为当地的物种在减少，48.5%的居民认为历史文物古迹遭到破坏。93.9%的居民认为当地的植被受到不同程度的破坏。

生态政治方面：在5个方面所占的比重较小为16.7%。调查显示：35.7%的居民认为政府在追求单一的经济发展，认为追求可持续发展的居民只有11.6%；城市建设方面主要是由某些领导说了算，77.6%的人不知道或没有听说过城市规划，政府重大事项的决策方面，只有22%的认为有公众参与，认为由领导决定的有31.9%，认为近年来政府在环境保护宣传方面力度增加的有28.1%，对政府工作人员评价一般的有52.2%，只有5%的人认为是优秀。体现出政府在理念、方式方法方面与居民的期望有着较大的差距。

生态文化方面：在5个方面所占的比重为20.6%。居民基本的环境理念普及程度不高，55.5%的居民认为普及程度一般，只有22.4%的居民认为普及程度较高。从居民个人调查来看，24.6%的居民承认没有参加过环保公益活动，在选择产品时考虑安全的占26.9%，考虑质量的占34.2%，从生态意识考虑的只占19.5%。在居民的文化习惯方面：购物过程中只有18%的居民使用购物袋，9%的居民多次利用购物袋；吃完口香糖后有6.8%的居民直接吐在地上，60.8%的居民能够用纸包起来扔到垃圾桶里，使用一次性产品如筷子、饭盒时，有29.8%的居民为了方便，18.4%的居民为了时尚，但42.5%的居民认为是浪费资源。在当地政府治理环境最薄弱的方面，19%的居民认为是政策法制不健全，32.2%的居民认为是行业主管里监管不力，34.5%的居民认为是群众的自身环保意识不强，14.3%的居民认为是政府引导不明确。33.8%的居民认为，今后当地经济与环境协调发展，必须尽快地提高公民的环保意识。

(3) 横向比较。作为省会城市的太原市，在调查的7个城市中具有明显的优势。

生态经济方面：太原市高于平均调查水平，相比其他城市，太原市的经济结构较为合理，一、二、三产业比较协调，特别是第三产业比较发达，人民收入水平较高，但比起外省城市还存在较大的差距。

生态环境方面：太原市的环境分值低于平均水平，与经济欠发达城市相比，太原市居民对环境不太满意，要求进一步改善环境。由于山西省是传统的能源重化工基地，几十年来的发展方式一直是粗放式发展，形成一个怪圈，即：不发展，环境就好；只要发展，环境就会变差，生态就要破坏。太原市也无法避开这个怪圈，太原市经济发展走在全省的前列，自然生态环境也破坏得很严重。忻州、孝义（梧桐镇）经济相对落后，相对资源矿产缺乏，生态环境就好。另外，太原作为省会城市，居民素质相对要高，对环境要求也相对要高。

生态政治方面：太原市的分值低于平均水平，与其他城市相比，太原市居民对生态政治要求较高，分析原因：一是根据马斯洛需求理论，太原市经济基础好，居民的需求档次高，人们参政议政的要求高；二是太原市生态政治环境本来发展就差，官本位严重，居民参政议政的通道不畅通。而经济欠发达地区的方山峪口、忻州、介休等地的生态政治分值高于平均水平。

生态社会方面：太原市的分值高于平均水平，比较真实地反映了山西省城市的现状。作为省会城市，各方面的保障体系比较完备，第三产业较为发达，就业相对容易。太原市在这方面走在了前面，为社会体系的建设总结了经验。

基于太原市目前的发展现状，特别是生态环境、生态承载能力的制约及人民对城市发展的要求，传统城市建设的道路不能继续走下去，而必须转型发展，走生态城市建设道路是其必然选择。值得欣喜的是太原市在“十一五”规划中明确提出了“把太原市建设成新型工业基地，文化名城和生态城市，跨入全国先进省会城市行列”。并且于2008年，市委、市政府已经将此项工作列为全市的重点工作来抓，目前相关工作已全部展开。参阅专栏7-4。

专栏7-4　透视2007环保民生指数

中国公众环保民生指数是由国家环保总局指导，中国环境文化促进会组织编制的国内首个环保指数，被誉为中国公众环境意识与行为的“晴雨表”。中国公众环保民生指数（2007）于2008年1月7日发布，透过相关数据，我们可以得出以下结论：

1. 公众对主动参与环保有依赖性

“环保民生指数2007”显示，认为自己在环境保护中的作用“非常重要”和“比较重要”的只有13.7%，其中，认为“非常重要”的只有2.8%。与此同时，有近一半（49.7%）的公众认为自己在环保过程中“不太重要”和“不重要”。这一方面，说明我国公众具有十分浓厚的环保依赖性；另一方面，也说明政府还没有为公众参与环保准备好平台和条件。

66.9%的公众认同当前我国的环境问题非常严重，73.1%的公众认为我国应当推行“绿色GDP”，80%以上的公众认同政府的环保努力。

2. 水安全依然是“生命之痛”

“环保民生指数2007”调查表明，有32.3%的公众对本地区的水环境表示“不满意”和“不太满意”，20.7%的公众对居住小区（村）的水环境表示

"不满意"和"不太满意"，20%的公众对工作场所的饮用水卫生表示"不满意"和"不太满意"。

但让人深思的是，在公众对水问题担忧的情况下，竟然有60.8%的公众不知道2007年5、6月在太湖暴发的蓝藻事件原因；而对于"中国大江大河70%污染，流经城市的河流全部污染"这个严峻的现实，居然有超过一半(53%)的公众表示"不知道"。

3. 环境污染对公众生活影响严重

本次"环保民生指数2007"特别关注"环保与民生"。调查显示，环境污染已经对公众的"衣、食、住、行"等各方面都产生了严重的影响：60.7%的公众对食品安全最不放心，39.7%的公众担忧"装修涂料安全"，25.8%的公众对于本地区的空气质量"气"愤填膺，41.8%的公众把服装材料污染视为"心腹之患"……有专家表示，加大对食品安全、空气污染、装修污染以及服装污染的治理，拯救我们的环境，是当前最大的"民生工程"。

4. 公众参与是环境保护的重要动力

"环保民生指数"首倡者、国家环保总局副局长潘岳表示，在环境污染已经越来越成为公众健康的威胁时，保护环境首先就是保护生存权。没有良好的生态条件或生态安全，物质文明、政治文明和精神文明都没有享受的基础。现实已经说明，公众参与是推动环境保护的重要动力，如何更好地凝聚这股动力，使其成为政府环境治理的重要补充，是各级政府特别是环保部门的重大课题。从2005年开始，环保总局陆续推出了《环评公众参与办法》和《环境信息公开办法》两部规章，就是希望为公众的环保参与提供法律平台。今后环保总局将出台一系列法规制度，进一步为更深层次、更高质量的公众参与创造空间，从而使生态文明的理念真正在全社会牢固树立。

资料来源：高吉全．解放军报．2008-01-08.

第 8 章　太原市生态城市建设的现状分析

8.1　太原市生态城市建设的动力机制分析

根据生态城市建设动力机制模型，结合太原市实际情况，我们对内动力源和外动力源逐一地进行了分析。

首先，分析太原市生态城市建设的内在动力源。生态城市建设的内在动力源主要体现在：为改变传统城市建设的模式，摆脱生态危机，走可持续发展之路，通过政治生态化、经济生态化、社会生态化、文化生态化和环境生态化，建设经济高效、政治民主、社会和谐、文化创新、环境健康的新型城市，是政府、组织和居民今后的理想与追求，是他们建设生态城市的内在动力源，对生态城市的建设起着根本性的推动作用。

当前对于政府来说，改变传统城市的建设模式，探索新型建设模式，也就是如何尽快地找到生态城市建设道路，是他们最为紧迫的任务；同时，如何引导企业与居民建设生态城市是检验其工作效率的标准之一。因此，政府是当前太原市生态城市建设的主力。

其次，分析太原市生态城市建设的外在动力源。生态城市建设的外在动力源主要体现在以下几个方面：

8.1.1　生态约束力

1. 环境承载力约束

前面我们已经运用生态足迹理论对太原市生态承载力进行过计算，从 2002 至 2007 年生态足迹与生态承载力的结果来看，太原市人均生态足迹由

2002 年的 5.47hm² 逐年增加至 2007 年的 7.75hm²；人均生态承载力则变化不大，由 0.25hm² 降低到 0.21hm²。人均生态足迹已经大大超过人均生态承载力，人均生态赤字由 5.22hm² 增加到 7.53hm²。太原市的资源消费已大大超过承载力水平，生产活动对自然的占用状态与自然提供的生态服务能力之间的矛盾加剧，自然生态系统处于非健康安全状态，是不可持续的发展，必须转型发展。

2. 资源承载力约束

据 2005 年太原市完成的第二次水资源评价成果显示，太原市水资源总量仅为 5.33 亿立方米，人均水资源为 168 立方米，仅为全国人均量的十二分之一、全省人均量的二分之一。由于水资源的严重短缺，太原市每年靠超采 0.7 亿立方米地下水来支撑经济社会发展与居民生活用水，导致整个太原盆地形成水位降落漏斗，水资源短缺已经成为太原市经济社会发展的主要瓶颈。

耕地资源严重不足，制约着太原市的快速发展。有这样一组数据：1997 年年底，太原市耕地面积为 236.93 万亩；2007 年年底，耕地面积为 190.77 万亩，10 年间净减少 46.16 万亩，平均每年净减少 4.62 万亩，年均以 1.95% 的速度减少。全市年均耕地面积减少速度比全国平均数高出 1.31%。人均耕地面积从 1997 年的 0.82 亩到 2007 年的 0.55 亩，远远地低于全国 1.37 亩的平均水平。在城市化进程中，外延式发展道路、土地利用效率低、利用方式粗放是造成目前现状的罪魁祸首（如图 8-1 所示）。

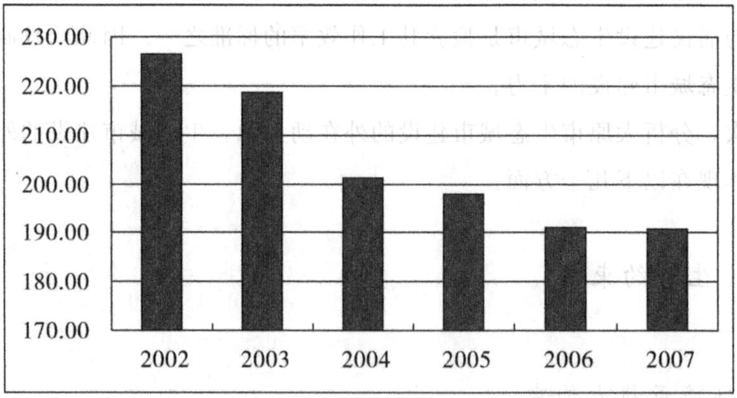

图 8-1　太原市 2002—2007 年耕地变化图（万亩）

Fig. 8-1　The change of farmland from 2002 to 2007 in Taiyuan

当前，太原市的水、土地等资源的承载能力及环境的承载能力严重不足，生态环境的严重破坏，限制了太原市传统模式发展，是推动太原市转型发展，建设生态城市的强大动力。

8.1.2　驱动力

1. 文明进步

工业文明的发展带来经济迅速增长的同时，生态危机也越来越严重，面对工业文明造成的资源环境问题，逐渐产生了用生态文明来指导解决这些发展问题，并且先后经历了两种思维方式，实现了由浅生态到深生态思维的转变，表现出了明显的进步。在行动上也得到了贯彻：深生态思维在驱动机制上，反映为侧重探讨资源环境问题产生的经济社会原因；在问题状态上，反映为弘扬可持续发展的积极态度并努力寻找环境与发展如何实现双赢的路径；在对策反应上，反映为针对问题本原的预防性解决方法，强调从技术到体制和文化的全方位透视和多学科研究。

随着现代文明的进一步发展，人们越来越意识到有两个门槛无法迈过去，一个是生态门槛，一个是福利门槛。从太原市的城市建设与发展中已经证明：一是自然资本已经成为经济增长的决定因素。城市建设必须结束经济增长对于自然资本的持续不断的“战争”，要建立起以自然资本稀缺为出发点的新的生态文明，实现保护环境和改进增长质量的双赢发展；二是经济的增长没有带来社会福利或生活质量的同步增长。国内外的研究也证明：“经济增长只是在一定的范围内导致生活质量的改进，超过这个范围如果有更多的经济增长，生活质量也许开始退化。”美国的发展也证明：1970 年以来，虽然人均 GDP 从 1 万多美元增加到现在的 3 万多美元，但是人们的生活满意程度却没有相应地得到提高。

因此，文明的进化使得太原市政府、组织与居民认识到在生态阈值内的平衡发展，是人类的共同追求。城市建设模式必须改变，走生态城市建设是最好的选择。参阅专栏 8-1。

专栏 8-1 生态文明（Ecological Civilization）

生态文明是物质文明与精神文明在自然与社会生态关系上的具体体现，包括对天人关系的认知、人类行为的规范、社会经济体制、生产消费行为、有关天人关系的物态和心态产品、社会精神面貌等方面的体制合理性、决策科学性、资源节约性、环境友好性、生活俭朴性、行为自觉性、公众参与性和系统和谐性。

从资源生态学角度，生态文明是指人们在改造客观物质世界的同时，以科学发展观看待人与自然的关系以及人与人的关系，不断克服人类活动中的负面效应，积极改善和优化人与自然、人与人的关系，建设有序的生态运行机制和良好的生态环境所取得的物质、精神、制度方面成果的总和。

生态文明是人类文明的一种形态，它以尊重和维护自然为前提，以人与人、人与自然、人与社会和谐共生为宗旨，以建立可持续的生产方式和消费方式为内涵，以引导人们走上持续、和谐的发展道路为着眼点。生态文明强调人的自觉与自律，强调人与自然环境的相互依存、相互促进、共处共融，既追求人与生态的和谐，也追求人与人的和谐，而且人与人的和谐是人与自然和谐的前提。可以说，生态文明是人类对传统文明形态特别是工业文明进行深刻反思的成果，是人类文明形态和文明发展理念、道路和模式的重大进步。

生态文明作为一种独立的文明形态，是一个具有丰富内涵的（理论体系）系统。按照历史唯物主义的观点可以分为四个层次：

第一个层次是意识文明（思想观念）。思想意识是要解决人们的哲学世界观、方法论与价值观问题，其中最重要的是价值观念与思维方式，它指导人们的行动。以生态科学群、可持续发展理论和绿色技术群为代表的生态文明观，主要包括以下三个方面的内容：一是树立人与自然同存共荣的自然观；二是建立社会、经济、自然相协调、可持续的发展观；三是选择健康、适度消费的生活观。

第二个层次是行为文明（行为方式）。生态文明观认为，盲目地高消费并不利于人的身体健康，而且浪费资源，污染环境。同时，生态文明作为一种处理人与自然关系的新型文明，应通过政府、企业、公众等的行为，运用包括政治、经济、科技等多方面手段，通过确实有效的方法，解决人类不可持续发展过程中面临的各类问题。

第三个层次是制度文明（社会制度）。社会制度是要解决人与人的关系。为了维护良好的生态环境必须进行制度建设，以规范与约束人们的行为。

第四个层次是产业文明（物质生产）。物质生产是要解决人和自然的关系。进行物质生活资料的生产，是任何社会、任何文明生存与发展的基础。生态文明的物质生产就是进行生态产业的建设。

资料来源：姬振海．生态文明论．北京：人民出版社．

2. 可持续发展的要求

可持续发展理念正是基于对不惜导致资源耗竭、环境资源破坏的经济增长方式及其资源配置体制机制的全面反思。太原市经历了 50 多年的粗放式发展，造成现在的资源短缺、环境的严重破坏，传统城市发展模式难以为继，可持续发展势在必行。

可持续发展要求处理好进步与平衡的关系，城市的进步与发展，必须建立在各系统的全面、协调的平衡基础上，任一单方面的进步与发展只能是短暂的；城市的发展与进步不能超越一定的阈值，否则社会发展无法修复。

可持续发展要求经济发展必须与环境保护相统一，两者既要相互促进，又要相互制约，实现经济与环境的螺旋上升发展。经济发展过程的耗费要低于生态环境的限度，环境的彻底破坏，经济发展则无从谈起。

可持续发展要求做到代际公平，即谋求当代发展时要考虑后代的发展，当代的发展不能以牺牲后代的发展为代价，当前的代际公平首先重点要做好资源的代际公平分配。

文明的进步及可持续发展的要求，使得太原市不能再继续沿着老路走下去，城市建设转型发展势在必行，生态城市建设是其最佳道路选择。

8.1.3　政策力

1. 国家发展战略导向

2005 年 11 月，在《中共中央关于制定国民经济和社会发展第十一个五年规划的建议》中提出："必须加快转变经济增长方式，我国土地、淡水、能源、矿产资源和环境状况对经济发展已构成严重的制约。要把节约资源作为基本国策，发展循环经济，保护生态环境，加快建设资源节约型、环境友好型社会，促进经济发展与人、资源、环境相协调。推进国民经济和社会信息化，切实走新型工业化道路，坚持节约发展、清洁发展、安全发展，实现可持续发展。”这意味着循环经济正式成为我国经济社会发展的战略选择，已成为我国的基本国策。

党的十七大报告明确提出要深入落实科学发展，科学发展观是我国经济社会发展的重要指导方针，是发展中国特色社会主义必须坚持和贯彻的重大战略思想。要求坚持以发展为第一要义，坚持以人为本，坚持统筹兼顾的方法，全面推进经济建设、政治建设、文化建设、社会建设，促进现代化建设各个环节、各个方面相协调，促进生产关系与生产力、上层建筑与经济基础相协调。坚持生产发展、生活富裕、生态良好的文明发展道路，建设资源节约型、环境友好型社会，实现速度和结构质量效益相统一、经济发展与人口资源环境相协调，使人民在良好的生态环境中生产生活，实现经济社会永续发展，即实现包容性增长。

要按照民主法治、公平正义、诚信友爱、充满活力、安定有序、人与自然和谐相处的总要求和共同建设、共同享有的原则，着力解决人民最关心、最直接、最现实的利益问题，努力形成全体人民各尽其能、各得其所而又和谐相处的局面，构建社会主义和谐社会。参阅专栏 8-2。

专栏 8-2　包容性增长

2010 年 9 月 16 日，国家主席胡锦涛在出席第五届亚太经合组织人力资源开发部长级会议开幕式时，发表了题为《深化交流合作 实现包容性增长》的致辞。第一次正式提出了包容性增长概念。

1. 提出的背景与发展历程

“包容性增长”这个概念，是 2007 年由亚行首先提出来的，是国际组织在 10 年间逐渐完善的一个概念。

① 中国加入 WTO 以后，经济增长迅猛。2002—2007 年，中国年均经济增速高达 11.65%，尤其是 2004 年、2005 年这一轮增长比较明显，甚至超过 10%，2006 年、2007 年的增速更是达到了 12.7% 和 14.2%（庄健——亚行驻中国代表处首席经济学家）。

② 众所周知，中国经济增长前所未有，同时我们也发现经济增长的过程

中却出现了一些问题，最大的问题是收入分配不公。经济增长了，但并不是所有的人都能受益，有的人受益多，有的人受益少，特别是贫困人口受益更少，其次是资源、环境的压力大增，由增长本身不均衡导致的矛盾也会增多（汤敏——中国发展研究基金会副秘书长）。

③ 投资、出口和消费被称作经济增长的三驾马车，但从中国的经济增长结构来看，主要是由于投资、出口拉动，消费的比重严重偏低；在产业方面，重工业比重高，服务业比重偏低；经济和社会相比较，重经济发展，社会领域发展相对差一些，特别是收入分配结构、收入分配状况、城乡差距还比较大，这种增长不利于长期的可持续、均衡的增长。

在此背景下，2005 年，由亚行赞助支持，亚行经济研究局和驻中国代表处联合开展了“以共享式增长促进社会和谐”研究课题，同时邀请林毅夫、樊纲等国内知名学者一起参与研究。这一研究成果是分析中国经济过去 30 年增长的特点，收入差距扩大的原因和所带来的问题及挑战，探讨通过实现共享式增长构建和谐社会的政策选择。在这项研究成果中，提出了包容性增长。

2. 包容性增长的内涵

胡锦涛总书记提出的“包容性增长”是与“科学发展观”“和谐社会”一脉相承的，是在深入贯彻“科学发展观”“和谐社会”理念的基础上提出的，是尽快转变经济发展方式的路径选择与探索。

包容性增长的核心是公平与合理，其强调参与和共享，即：只有在所有社会成员能够参与和共享时，经济增长才具有积极意义，才能促进社会发展。因此，包容性增长的含义在于，不能只单纯发展经济，而应该包括经济、政治、文化、社会、生态等各个方面在内的更加全面、均衡地发展，达到经济增长和社会进步、人民生活改善同步进行。包容性增长倡导一种机会平等的增长，强调公平合理地分享经济增长。它强调要实现经济增长的同时，更强调经济增长中要实现人与人和谐相处、人与自然和谐相处。

资料来源：中国经济周刊 .2010.38.

2. 法律法规

山西省层面：长期以来高能耗、高污染的产业结构及历史原因，造成山西省严重的环境污染和生态破坏。进入 21 世纪以来，省里痛定思痛，狠下决定，要改变这种局面。省委书记张宝顺要求不要“污染的、带血的，假的 GDP”。

省里相继出台了一系列政策与法规：全国第一家出台《山西省工业污染源监测条例》；全国第一部政府立法支持高新技术发展的《山西省高新技术产业发展条例》；《山西省党政领导干部环境保护工作实绩考核办法》把环保责任、考核制度、问责制度、否决制落到了实处；《山西省行政机关及其工作人员行政过错责任追究暂行办法》进一步改善了全省的政务环境，提高了行政效率。特别是2006年《山西省人民政府关于实施蓝天碧水工程的决定》及其实施方案，将全省生态环境保护推上一个高潮，配套出台了系列项目建设、财政支持、惩罚与激励政策，启动了区域限批、环境末位淘汰等制度，实施绿色税收、环境收费、差别价格等政策，为全省生态城市建设提供了一个良好的政策环境。

太原市层面：太原市第十二届人代会第一次会议明确提出，把“坚决贯彻创新型城市建设主战略，创新发展模式、推进绿色转型”作为建设新太原的战略着力点，以新一届政府新的执政理念确立下来，并通过法定程序上升为全市人民的意志。2006年，太原市将建设创新型城市、整体推进绿色转型列入“十一五”规划纲要。2007年，发布实施了《太原市绿色转型标准体系》第一部分总则、第二部分框架，太原成为全国第一家系统制定绿色标准体系的城市，全市第一个专业标准《绿色建筑标准》也发布实施。2008年，《太原市绿色转型标准体系》第三部分实施、第四部分评价与改进和《太原市绿色工业企业管理导则》《太原市绿色学校管理规范》等15个绿色标准正式发布，太原市成为全国拥有绿色地方标准最多的城市。并且在全国首创出台了《太原市绿色转型促进条例》，以地方立法形式推动绿色转型的城市。在全社会掀起了生态城市建设的高潮。《太原市生态城市建设规划》为太原建设生态城市描绘了美好的蓝图；《太原循环经济发展条例》《矿山生态系统恢复治理方案》《汾河流域恢复与保护方案》等为太原市生态城市建设提供了良好的政策环境。

目前，太原市自己创造的政策环境，符合国家的战略导向，为太原市生态城市建设提供了强大的动力源。参阅专栏8-3。

专栏8-3 “绿色十佳”单位和绿色年度人物倡议书

省城各单位、尊敬的各位市民：

从2007年起，太原市委、市政府决定在全市开展“绿色十佳”创建活动。这是关系全市经济社会绿色转型的一件大事，也是关系全市人民切身利益和太原长远发展的一件大事。

“绿色十佳”创建活动的开展，不仅需要各级、各部门的通力协作，更需要社会各单位和全体市民的积极参与。在此，我们郑重倡议省城各单位和全体市民，积极投入于“绿色十佳”创建活动！

一是积极做绿色转型的传播者。大力宣传、倡导绿色理念，动员、影响更多的人加入到“绿色十佳”创建活动中来，使创建活动充分地扩展到太原市各个领域、各个层面、各个角落，从而汇集成绿色转型的巨大洪流。

二是积极做绿色转型的实践者。从我做起，从身边的事做起，从力所能及的事做起，从节约一滴水、一度电、一张纸、一粒米做起，积极做绿色创建活动的实践者。特别是省城各企业，要积极承担起更多的社会责任，自觉地采用绿色技术、实施绿色改造、发展循环经济，建设绿色企业。

三是积极做绿色转型的创新者。积极创新绿色转型工作的思维方式、组织形式、生产形式和技术应用，大力开展绿色文明、绿色创造、绿色建言献策竞赛活动，让绿色创新活动渗透于绿色转型的全过程，使绿色工作、绿色生产、绿色生活在太原市蔚然成风。

四是积极做绿色转型的示范者。作为 2007 年太原市“绿色十佳”单位和绿色年度人物，我们一定以百倍的努力，百尺竿头，更进一步，积极为太原市的绿色转型工作和“绿色十佳”创建活动继续做出更大的贡献。同时，我们更殷切地希望，全市各级党政机关、各企事业单位和各群众团体争当绿色转型的开路先锋，广大党员干部积极发挥模范带头作用，全体市民人人奋勇、个个争先，真正使省城太原无愧于全省绿色转型的“火车头”。

积极投身“绿色十佳”创建活动，既是彰显造福子孙后代的高尚品德行为，也是完美自我生活的智慧追求，更是一份沉甸甸的责任！让我们携起手来，共同为太原市美好的明天而奋斗！

资料来源：http：//www. taiyuan. gov. vn

8.1.4　建设成果吸引力

近年来，国内外生态城市建设的实践已经深入展开，并取得一系列成就，一些生态城市建设已具雏形，成为世界上生态城市建设的样板。它们在城市布局、城市交通、能源利用、土地开发等方面，根据其自身特点各有所倚重，取得了重大突破。主要有：

美国伯克里生态城市建设中：修复损坏的城市自然景观，使自然景观纳入城市空间与城市生活的理念；强调就近出行，步行、公共交通、自行车优先的交通模式；优先开发紧凑的、多种多样、绿色的、安全的、令人愉快的和有活力的混合社区的土地利用模式；提倡简单节约的生活方式、消费方式及消费观念，改变人们对物质的占有欲的生活消费模式；扩大市民参与决策的权力，提高自觉维护社区环境的公民意识，鼓励市民实施有利于生态发展计划的市民参与决策模式。

德国弗莱堡生态城市建设中：加强城市与周边地区之间的公共交通系统；鼓励使用自行车；建设城市有轨和公共汽车交通，形成整个周边地区融为一体的公交换乘网络以及整个区域城市连为一体的一票制交通管理体制；社区内积极发展与郊区相连的自行车道路网络，增建自行车停车场和停车位；减少硬化地面，增加多种形式的透水地面（包括透水地砖、卵石地、孔型砖地、碎石地等），改善环境；加强三维绿化层次，减少热岛效应，提高城市卫生状况及环境质量；保持河与岸的自然过渡结构，以维持岸边自然植被为原则来维护河流环境，维持局域生态系统稳定，使河流水质良好，景观自然美丽，等等。

以上世界范围内生态城市建设的优秀成果对太原市的生态城市建设提供了范例，具有较强大的吸引力。另外，表 8-1 列举了 2010 年上海世博会最佳城市实践区案例主题。

表 8-1　2010 年上海世博会最佳城市实践区案例主题

2010 年上海世博会主题——“城市，让生活更美好”

序号	参展城市	展示主题
1	苏州案例	苏州古城保护与更新
2	威尼斯案例	威尼斯历史遗产保护和利用的最佳实践
3	利物浦案例	利物浦历史遗产保护与再利用
4	开罗案例	历史老城复兴的一体化模式
5	杭州案例	以西湖为核心的“五水共导”治水实践造就“品质杭州”
6	本地治理案例	面向经济和环境发展目标的遗产保护实践
7	蒙特利尔案例	圣米歇尔区的环境复合工程——一个世界级的最佳实践
8	不来梅案例	从知识到创新：城市交通解决方案
9	弗莱堡案例	弗莱堡沃邦居住区：旧军营生态改造范例

续　表

序号	参展城市	展示主题
10	广州案例	城市建设可持续发展——水环境治理行动
11	意大利环境署案例	意大利风格的可持续发展城市
12	鹿特丹案例	水城鹿特丹
13	圣保罗案例	清洁城市法案
14	天津案例	中国天津市华明示范小城镇
15	杜塞尔多夫案例	经济发展与生活方式共生：宜居家园和可持续发展作为城市的战略目标和成就
16	阿雷格里港案例	基于地方社会共识的管治实践：促进社会融合战略
17	艾哈迈达巴德案例	艾哈迈达巴德的城市管理倡议
18	亚历山大案例	亚历山大城市发展战略
19	首尔案例	首尔文化经济
20	博洛尼亚案例	博洛尼亚的文化创意产业发展和社会包容政策
21	深圳案例	深圳大芬村：一个城中村的再生故事
22	布拉格案例	现代都市的历史遗产保护
23	马尔默案例	旧工业城市的可持续发展项目
24	日内瓦、苏黎世、巴塞尔案例	改善水质，让城市生活更美好
25	大阪案例	环境先进城市・水都大阪的挑战
26	毕尔巴鄂案例	毕尔巴鄂古根海姆美术馆：城市战略中引领项目
27	巴黎/巴黎大区案例	一条母亲河、一处名胜地、一种生活态度
28	北京案例	国奥村
29	巴塞罗那案例	Ⅰ：巴塞罗那市中心老城区 Ⅱ：巴塞罗那新创新城区
30	中国香港案例	智能卡、智能城市、智能生活
31	伊兹密尔案例	“城市沟渠再造”：伊兹密尔的城市排污工程
32	台北案例	Ⅰ：迈向资源循环永续社会的城市典范 Ⅱ：台北无线宽带——宽带无限的便利城市
33	宁波案例	中国滕头“城市化与生态和谐实践”
34	西安案例	大明宫遗址区保护改造项目

续 表

序号	参展城市	展 示 主 题
35	麦加案例	麦加米纳帐篷城
36	温哥华案例	文化遗产和宜居城市
37	上海案例	沪上生态家
38	马德里案例	马德里公共廉租屋的创新试验项目
39	伦敦案例	零能耗生态住宅发展项目
40	汉堡案例	新耐久性建筑项目
41	阿尔萨斯案例	水幕太阳能建筑
42	欧登塞案例	自行车的复活
43	中国澳门案例	中国澳门百年老当铺“德成按”的修复与利用
44	成都案例	活水公园
47	巴黎大区案例	Ⅰ：城市的可持续发展：策略与治理 Ⅱ：打造未来的历史城市 Ⅲ：恢复与发展可持续城市的遗产
48	布雷斯特案例	海洋世界博览会
49	波恩-布卡拉案例	节能从学校抓起
50	卢克索案例	从古墓到新城以及卡纳克神殿开发治理工程
51	旧金山案例	全球变暖：通过姐妹城市合作，为国家模型探求本地方案
52	维多利亚案例	未来的教室
53	弗洛茨瓦夫案例	悠闲城市
54	罗萨里奥案例	罗萨里奥市河滨公共区域的建设管理
55	汉诺威案例	展示十年后康斯伯格地区
56	延边案例	东北亚的绿色生态“金三角”，多民族的和谐幸福大家园
57	东莞案例	松山湖：制造名城可持续发展的引擎
58	广州案例	宜居家园建设——青山绿地行动
59	佛山案例	文明传承的佛山模式——陶文化在佛山的现在、过去、将来
60	中山案例	博爱·和谐让城市生活更美好
61	乌镇案例	中国·乌镇历史遗产保护和实践

续　表

序号	参展城市	展 示 主 题
62	昆山案例	四韵昆山，生态导向持续城市活力
63	扬州案例	扬州古城保护
64	周庄案例	水“洗”出来的“第一”水乡
65	厦门案例	温馨城市·海上花园
66	唐山案例	唐山市南部采煤沉降区生态治理工程
67	罗阿案例	Ⅰ：城市环境下的环保能源和可持续家园 Ⅱ：城市节能照明系统

8.1.5　生态技术支撑力

生态化技术创新是指在技术创新过程中全面引入生态学思想，考虑技术对生态环境的影响和作用，建立能使技术创新与生态目标相结合的协调型技术创新机制。其既保证技术创新对经济增长的推动作用，又合理开发和利用生态系统的自然资源及物质能量，保持生态系统的平衡稳定。本质上，生态化技术创新是纠正技术创新的负外部性，增加外部约束条件的技术创新。与传统技术创新不同，生态化技术创新强调经济效益与生态效益的统一，技术创新的各个环节都要服从于这个综合目标。

能源综合利用技术、清洁生产技术、废物回收和再循环技术、资源重复利用和替代技术、污染治理技术、环境监测技术以及预防污染的工艺技术等是城市生态建设的技术依托。

太原市大力支持绿色技术的研发与绿色项目的建设。2007 年，安排科技经费 2100 余万元支持绿色转型科技需求项目 78 项，形成一批绿色转型的科技专项；太原市开展技术创新攻坚年活动，市级创新型试点企业和创新型企业达到 26 家，拥有自主知识产权 359 项。建立了不锈钢、钕铁硼、重型机械、医药产业及墙体材料等产业集群技术联盟。积极创建国家知识产权示范城市，专项申请量 2800 件，增长 56.6%，被评为中国城市综合创新能力 50 强。推进了 20 个循环经济市、企业、园区的建设。

太原市围绕自主创新能力提高，推出的一系列政策与举措，激发了企业技术创新的积极性，以循环经济技术、清洁生产技术、废物利用技术为主的生态技术的不断研发、推广和应用，有力地支撑了太原市生态城市的建设。

从以上我们对太原市生态城市建设的动力源分析可以看出：

其一，太原市生态城市建设的内在动力源中政府是绝对主力，而目前由于渠道的不畅、认识的差距等造成组织、居民的力量没有充分调动起来，他们的作用没有全部发挥出来，如何充分调动这两个主体的积极性、主动性显得非常急切。

其二，太原市生态城市建设的外在动力源中，资源和环境的约束力与文明进步和可持续发展的要求是推动太原市转型发展的主要力量。从太原市近年来的实践来看，政策力和生态技术支撑力发挥了重要作用，是推动太原市生态城市建设的主要动力，特别是国家、省、市制定的政策特别关键。同时，进一步完善政策与制度是摆在面前的重要任务。

8.2 太原市生态城市建设评价

本书利用生态城市多层次模糊综合评价模型对太原市 2002—2007 年城市生态度及其各个组成系统进行综合评价，以及 2007 年太原市与山西省其他 10 个城市生态度横向对比评价，来识别太原生态城市建设中的“短板”或“短处”，以便在今后的生态城市建设中予以重点关注。

8.2.1 太原市分年度纵向综合评价

本书分别根据太原市 2002、2005、2007 年的相关数据和调查，对太原市城市综合生态度进行了评价。

1. 数据来源及处理简要说明

(1) 对于定量指标：一是根据 2002、2005、2007《太原市统计年鉴》；2002、2005、2007 年太原市国民经济和社会发展统计公报直接得到；二是根据以上资料进行整理计算。

(2) 对于生态政治、生态文化方面的指标大多是定性的，其来源一是政府部门公布的材料；二是去相关部门进行查阅相关文件和资料，如职务犯罪率、文化遗产保护率等；三是设计问卷进行调查，如群众安全感、群众对政府诚信的满意度等，通过对调查数据整理而得。

2. 数据及整理

太原市 2002、2005、2007 年城市生态度评价指标现状值，见表 8-2。

表 8-2　太原市 2002、2005、2007 年城市生态度评价指标现状值

Tab. 8-2　The value of evaluation index of 2002, 2005, 2007 in Taiyuan

准则层	指标名称	2007	2005	2002
生态社会	城市化水平	81.5	82.4	81.9
	城市集中供热	83.1	73	68.5
	恩格尔系数	29	31	32
	高等教育入学率	70	63	64.9
	人口预期寿命	77.73	77.32	76.89
	社会保险覆盖率	85.9	75.6	65.3
	万人拥有公交车（标台）	7.85	7.43	3.98
	就业率	96.4	96.6	96.8
	万人拥有医生数	40	40	32
	千人拥有床位数	7	7.4	7
	群众安全感	85.6	84.2	75
生态政治	生态城市建设规划	正在制定	无	无
	决策方式	建立重大事项公共决策制度，并部分执行	建立重大事项公共决策制度，但基本没有执行	没有建立重大事项公共决策制度
	群众对政府诚信的满意度	85.6	80.2	66.2
	公众参与指数	65.3	50.3	35.2
	群众对党政机关行政效能满意度	80.2	75.3	53.7
	群众对反腐倡廉满意度	80.2	75.9	52.6
	政务公开程度	政府各部门开通电子政务网站并每周更新政务信息	政府各部门开通电子政务网站并每周更新政务信息	政府各部门未开通电子政务网站
	职务犯罪增长率	0.3	0.5	1.02
	行政效率	建立行政审批中心，并有整套管理制度	建立行政审批中心，但管理制度不全面	建立行政审批中心，没有管理制度

续 表

准则层	指标名称	2007	2005	2002
生态经济	人均国内生产总值（元/人）	36377	24100	13603
	年人均财政收入（元/人）	6766	4400	2200
	农民人均纯收入（元/人）	5561	4402	3077
	城市居民人均可支配收入（元/人）	13745	10467	7376
	第三产业占 GDP 比重%	47.5	50	46.6
	单位 GDP 能耗（T 标煤/万元）	2.44	2.66	3.01
	单位 GDP 水耗（m^3/万元）	36.6	45	39
	科技投入占 GDP 比重（%）	1.99	1.78	1.4
	高新技术占 GDP 比重（%）	6.6	5.3	3.8
生态文化	万人大学生数	758	715	350
	环保宣传教育普及率	85.3	75.6	60
	人均图书藏有量（册）	1	0.92	0.94
	生态意识普及率	66.3	52.6	45.3
	消费观念生态化程度	59.6	51.9	34.2
	精神文明创建增长率	12.5	9.5	5
	旅游产业占 GDP 比重增长率	4.44	3.89	3.18
	文化支出占生活支出比重	15	19.2	19
	文化遗产保护保存完好率	89.1	78.9	65.7
	对文化设施的满意率	92	89	61
生态环境	绿地覆盖率（%）	33.5	31.1	33.7
	空气质量二级以上天数	269	245	153
	城市水质达标率（%）	96.78	90.23	83.3
	SO_2 排放强度（kg/万元 GDP）	11.15	20.6	45.7
	COD 排放强度（kg/万元 GDP）	2.5	3.6	7.8

续　表

准则层	指标名称	2007	2005	2002
生态环境	城市生活污水集中处理率	65.4	63	57
	人均水资源（m^3/人）	167.37	173	200
	人均公共绿地（m^2）	9.1	8.3	6.67
	噪声达标区覆盖率（%）	91.95	85.3	79.2
	城市垃圾无害化处理率（%）	87	80	65
	环保投资占 GDP 比重（%）	2.04	2.01	1.25

3. 评价结果

按照生态城市多层次模糊综合评价模型对以上数据进行计算，结果见表 8-3：

表 8-3　太原城市生态度综合评价结果

Tab. 8-3　The results of comprehensive evaluation in Taiyuan

城市子系统	2007	2005	2002
生态社会	3.31	3.21	2.92
生态政治	2.68	2.2	1.54
生态经济	2.77	2.55	1.87
生态文化	2.1	1.82	1.51
生态环境	1.98	1.8	1.26
城市生态度	2.568	2.316	1.82

根据以上评价结果，对照城市生态等级划分标准可以看出，太原城市生态度 2002—2007 年，分别为 1.82、2.316、2.568，都处于生态提升阶段，生态度在逐年上升。从 2007 年的指标来看，子系统中生态社会较好，生态政治和生态经济一般，生态文化与生态环境不能令人满意。从表 8-3 可以看出，2002—2007 年这五年来，生态政治、生态文化提升幅度较大，生态经济与生态环境提升幅度一般，生态社会提升幅度较小（如图 8-2 所示）。另外，

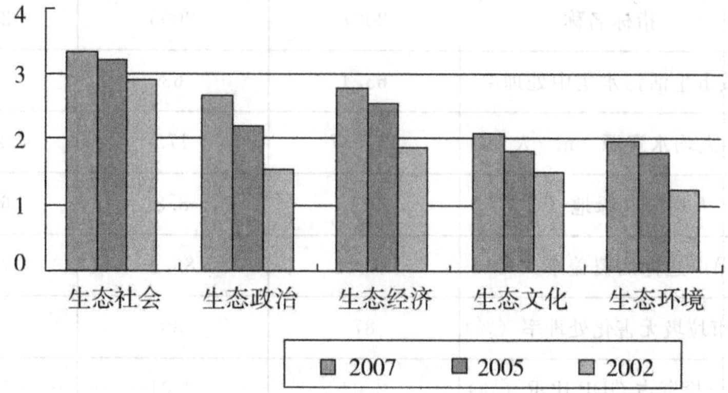

图 8-2 2002、2005、2007 年太原城市生态度变化图

Fig. 8-2 The change of ecological degree in 2002，2005，2007

2002—2005 年的提升幅度要比 2005—2007 年的提升幅度大，即边际提升幅度在减小。这样的评价结果，与太原市近年来城市建设的现状与过程相吻合，特别是近五年来太原市在城市建设方面所作出的努力，基本上都取得了预期的效果。

8.2.2 太原市与山西省其他 10 个城市横向评价比较

按照生态城市多层次模糊综合评价模型，对太原市与山西省其他 10 个城市进行比较评价。

1. 数据来源及处理简要说明

（1）对于定量指标：一是根据 2007 年山西省统计年鉴及各市 2007 年统计年鉴、2007 年各市国民经济和社会发展统计公报直接得到；二是根据以上资料进行整理计算而得。

（2）对于生态政治、生态文化方面的指标大多是定性的，其来源一是政府部门公布的材料；二是去相关部门进行查阅相关文件和资料，如职务犯罪率、文化遗产保护率等；三是设计问卷进行调查，如群众安全感、群众对政府诚信的满意度等，通过对调查数据整理而得。

2. 数据及整理

太原市及山西省其他城市2007年生态度评价指标现状值，见表 8-4

表 8-4　太原市及山西省其他城市生态度评价指标现状值（2007）

Tab. 8-4　The value of evaluation index of 2007 in Taiyuan and other cities of Shanxi Province

准则层	序号	评价指标	太原市	大同市	阳泉市	长治市	晋城市	朔州市	晋中市	运城市	忻州市	临汾市	吕梁市
生态社会	1	城市化水平	81.5	50.13	57.38	39.61	43.2	43.82	41.6	33.9	35.6	36.36	34.71
	2	城市集中供热	83.1	70	81.5	68.3	66	71.3	55.6	70	50	72	52
	3	恩格尔系数	29	34.2	35.3	33.7	30.7	30.4	31.6	31.9	40	34.6	37.9
	4	高等教育入学率	70	23.5	20.1	32.1	26.2	14.3	23.5	26.4	16.3	18.9	17.2
	5	人口预期寿命	77.73	74.59	72.44	71.62	71.74	72.19	73.34	73.49	73.18	73.09	72.22
	6	社会保险覆盖率	85.9	86	85.47	86.1	84.2	75.8	80.3	86.17	85	67.3	45.9
	7	万人拥有公交车（标台）	6.39	4	6.75	4.81	8.57	3.25	7.32	5.52	2.16	4.61	2.07
	8	就业率	96.4	96.6	96.1	98.02	97.5	97.3	97.9	97.86	97	97.9	97
	9	万人拥有医生数	44.64	80.83	36.62	34.34	66.68	34.77	18.93	8.36	42.22	23.81	15.52
	10	千人拥有床位数	6.65	5.64	6.96	7.25	6.84	3.24	4.54	3.54	7.33	4.97	1.41
	11	群众安全感	85.6	75.6	76.3	86.9	87.2	78.4	80.3	79.8	75.6	78.1	73.2
生态政治	1	生态城市建设规划	正在制定	无	无	正在制定	正在制定	无	无	无	无	无	无
	2	决策方式	部分执行	有制度，不执行	有制度，不执行	部分执行	部分执行	没有执行	没有执行	没有执行	没有执行	没有执行	没有执行
	3	群众对政府诚信的满意度	85.6	80.3	78.6	85.6	84.6	80.1	81.3	83.2	76.3	80.9	76.5

续表

准则层	序号	评价指标	太原市	大同市	阳泉市	长治市	晋城市	朔州市	晋中市	运城市	忻州市	临汾市	吕梁市
生态政治	4	公从参与指数	65.3	53.2	51.6	62.3	63.1	59.6	61.6	55.6	54.3	57.3	52.1
	5	群众对党政机关行政效能满意度	80.2	78.2	82.7	83.2	82.3	72.3	73.5	82.4	79.3	65.3	76.3
	6	群众对反腐倡廉满意度	80.2	74.3	83.1	83.5	82.9	71.2	72.4	81.2	77.3	70.1	78.2
	7	政务公开程度	政府各部门开通电子政务网站，并每周更新政务信息	政府各部门开通电子政务网站，但一周以上都不更新政务信息	政府各部门开通电子政务网站，但一周以上都不更新政务信息	政府各部门开通电子政务网站，并每周更新政务信息	政府各部门开通电子政务网站，并每周更新政务信息	政府各部门开通电子政务网站，但一周以上都不更新政务信息	政府各部门开通电子政务网站，但一周以上都不更新政务信息	政府各部门开通电子政务网站，但一周以上都不更新政务信息	政府各部门开通电子政务网站，但一周以上都不更新政务信息	政府各部门开通电子政务网站，但一周以上都不更新政务信息	政府各部门开通电子政务网站，但一周以上都不更新政务信息
	8	职务犯罪增长率	0.3	0.3	0.2	−0.2	−0.2	0.2	0.3	0.2	0.3	0.6	0.5
	9	行政效率	建立行政审批中心，并有整套管理制度	建立行政审批中心，但制度不全面	建立行政审批中心，但制度不全面	建立行政审批中心，但制度不全面	建立行政审批中心，但制度不全面	建立行政审批中心，但制度不全面	建立行政审批中心，但制度不全面	建立行政审批中心，但制度不全面	建立行政审批中心，但制度不全面	建立行政审批中心，但制度不全面	建立行政审批中心，但制度不全面

续表

准则层	序号	评价指标	太原市	大同市	阳泉市	长治市	晋城市	朔州市	晋中市	运城市	忻州市	临汾市	吕梁市
生态经济	1	人均国内生产总值（元/人）	40270.17	25847.05	28004.37	25727.99	23726.37	26675.1	16468.93	11600.17	7611	18526.08	13980.31
	2	年人均财政收入（元/人）	2749.58	1917.01	2292.02	3255.91	5346.34	3186.22	819.1	345.06	271	876.84	3559.41
	3	农民人均纯收入（元/人）	5561	3033.5	4724	4410	4435	4146	4206	3388.9	2516	4065	2778
	4	城市居民人均可支配收入（元/人）	13745	11506.4	11675.9	12418.5	12404.4	11779.4	12075.4	11378.1	10009.3	11528.75	10736.2
	5	第三产业占 GDP 比重（%）	49.95	43.53	40.24	48.22	58.19	25.83	50.54	65.57	48.87	49.83	39.55
	6	单位 GDP 能耗（t 标煤/万元）	2.44	2.32	2.52	3.22	2.23	2.26	3.01	3.53	3.48	4.01	3.68
	7	单位 GDP 水耗（m^3/万元）	36.6	30.06	34.64	48.31	28.24	59.93	20.58	19.61	23.66	21.22	14.46
	8	科技投入占 GDP 比重（%）	1.99	1.37	0.9	0.91	0.87	0.29	0.69	0.26	0.24	0.54	0.2
	9	高新技术占 GDP 比重（%）	6.6	2.1	3.2	4.39	2.5	1.01	6.3	5.2	3.43	2.3	3.1

续表

准则层	序号	评价指标	太原市	大同市	阳泉市	长治市	晋城市	朔州市	晋中市	运城市	忻州市	临汾市	吕梁市
生态文化	1	万人大学生数	1077.31	198.36	94.69	361.39	191.28	64.5	294.72	276.83	136.67	421.22	354.64
	2	环保宣传教育普及率	85.3	75.3	76.1	87.4	88.6	80.1	81.2	76.3	74.2	86.1	75
	3	人均图书藏有量（册）	1	0.13	0.41	0.25	0.11	5.25	4.2	4.2	0.34	0.21	0.11
	4	生态意识普及率	66.3	56.3	56.6	68.2	69.1	58.6	59.7	54.3	52.8	67.6	58.7
	5	消费观念生态化程度（%）	59.6	52.1	53.2	58.6	58.9	57.3	56.8	51.3	50.2	57.4	52.3
	6	精神文明创建增长率（%）	12.5	8.3	7.6	10.2	13.4	12.9	12.1	11.8	6.9	8.9	5.3
	7	文化产业占 GDP 比重增长率（%）	4.44	12.5	12.4	9.1	11.4	4.7	11.3	8.9	22.5	8.1	4.6
	8	文化支出占生活支出比重（%）	15	8.6	7.9	16.3	17.8	14.2	14.9	10.5	38.6	6.9	16.4
	9	文化、遗产保护、保存完好率（%）	89.1	80.3	84.3	90.3	95.1	83.2	86.4	79.3	76.4	86.3	77.2
	10	对文化设施的满意率（%）	92	85.2	87.6	90.2	92.4	84.6	81.3	87.2	77.1	80.6	72.3

续表

准则层	序号	评价指标	太原市	大同市	阳泉市	长治市	晋城市	朔州市	晋中市	运城市	忻州市	临汾市	吕梁市
生态环境	1	绿地覆盖率（%）	33.5	31.5	34.63	45.8	45.3	42.2	30.83	26.5	13.35	32.6	32.3
	2	空气质量二级天以上天数	269	293	319	313	320	300	298	306	318	305	322
	3	城市水质达标率（%）	96.78	100	80.3	100	100	100	100	100	100	80	100
	4	SO_2 排放强度（kg/万元 GDP）	11.15	27.34	42.53	24.35	26.93	50.51	22.03	23.12	48.82	15.86	17.43
	5	COD 排放强度（kg/万元 GDP）	2.5	10.29	3.95	4.78	4.05	3.91	5.06	12.67	16.17	5.55	6.7
	6	城市生活污水集中处理率（%）	65.4	65.8	63	65	90	91.5	63	65	55	60	40
	7	人均水资源（m^3/人）	167.37	111	562	547	872	450	585	300	210	259	433
	8	人均公共绿地（m^2）	9.1	5.2	6.63	11.6	8.3	9.8	7.5	6.4	2.45	6.8	5.3
	9	噪声达标区覆盖率（%）	91.95	85.6	83.8	84.2	86.4	79.5	83	75.6	70.8	82.1	80.7
	10	城市垃圾无害化处理率（%）	87	79	80.3	90	90	53	78.5	87.3	76.3	95	78.9
	11	环保投资占 GDP 比重（%）	2.04	2.1	1.4	1.89	1.94	0.6	1.5	1.25	1.8	2.8	1.76

评价结果见表 8-5：

表 8-5　山西省 11 个城市生态度综合评价结果

Tab. 8-5　The results of comprehensive evaluation about 11 cities in Shanxi Province

城　市	太原市	大同市	阳泉市	长治市	晋城市	朔州市
城市生态度	2.488	2.054	2.004	2.332	2.496	1.978
城　市	晋中市	运城市	忻州市	临汾市	吕梁市	
城市生态度	2.148	2.06	1.94	1.918	1.776	

根据以上的评价结果，对照城市生态等级划分标准可以看出，11 个地市中除吕梁市处于生态重建区外，其他 10 个城市处于生态提升区，晋城市、太原市、长治市位居前三名，临汾市和忻州市刚越过生态重建区。总的看来，11 个城市生态度都不高，与生态城市标准还有距离。从 5 个城市子系统来看，11 个城市的生态社会较好，生态经济、生态文化差距较大，生态政治与其他 4 项密切相关，生态环境是 11 个城市面临的最大问题。

太原市与其他 10 个城市相比，生态社会、生态政治居于首位，这与作为省会城市、全省的政治与经济中心密切相关。一般来讲，省会城市在发展中比非省会城市占有许多优势，省委省政府的政策出台，特别是优惠政策的出台，首先会考虑省会城市，一方面，省会城市作为一个省对外的窗口，省里会重点支持与关注；另一方面，发展基础一般较好，大部分高等院校、科研院所、医院、体育场馆等都集中在省会城市，容易出政绩，因此占有一定的优先权。所以，太原市在这两个方面占据首位是一种必然。

本书在 GIS 软件支持下，首先，通过数字化得到太原市及山西省其他各市行政统计单元界线和行政中心位置等数据，建立图形数据库；接着，利用 excel 软件建立太原市及山西省其他城市政治、经济、社会、文化、生态环境评分数据库，记录各市各系统的生态评分；又建立图形数据与属性数据的连接，将分析数据赋予图形；最后利用 MapInfo 的专题图生成功能，划分不同评价等级，得到太原市及山西省其他城市生态分级图，如图 8-3 所示。

11 个城市按照生态度的综合排名（见表 8-6）与 2007 年山西省各市经济社会发展水平排名也基本一致（见表 8-7）。

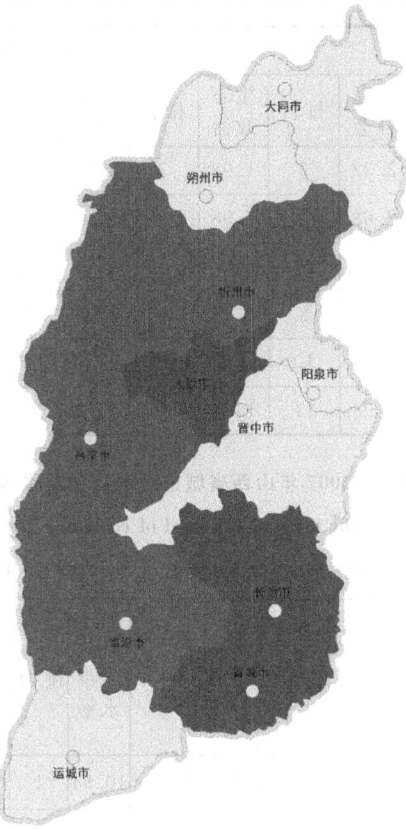

图 8-3　山西省 11 个城市生态度分级图

Fig. 8-3　The classification diagram of ecological degree in 11 cities of Shanxi Province

表 8-6　山西省 11 个城市生态度总体评价排名

Tab. 8-6　The rank of overall evaluation of the ecological degree in 11 cities of Shanxi Province

城市	城市生态度	排名	子系统									
			生态社会	排名	生态政治	排名	生态经济	排名	生态文化	排名	生态环境	排名
太原市	2.488	2	3.21	1	2.68	1	2.47	2	2.1	3	1.98	4
大同市	2.054	6	3.05	2	1.86	11	1.87	8	1.89	8	1.6	9
阳泉市	2.004	7	2.65	6	1.98	6	2	6	1.65	10	1.74	5
长治市	2.332	3	2.72	4	2.56	3	2.18	3	2.04	5	2.16	2
晋城市	2.496	1	2.82	3	2.56	2	2.5	1	2.2	2	2.4	1

续 表

城市	城市生态度	排名	子系统									
			生态社会	排名	生态政治	排名	生态经济	排名	生态文化	排名	生态环境	排名
朔州市	1.978	8	2.32	9	1.98	7	1.59	11	1.94	7	2.06	3
晋中市	2.148	4	2.68	5	1.98	5	2.07	5	2.31	1	1.7	7
运城市	2.06	5	2.49	7	2.2	4	2.11	4	2.08	4	1.42	10
忻州市	1.94	9	2.49	8	1.88	9	1.87	7	2.04	6	1.42	11
临汾市	1.918	10	2.29	10	1.98	8	1.74	10	1.86	9	1.72	6
吕梁市	1.776	11	1.98	11	1.88	10	1.85	9	1.55	11	1.62	8

表 8-7　2007 年山西省城市经济社会发展水平

Tab. 8-7　The rank of the level of economic and social development of 2007 in Shanxi Province

城　市	经济社会发展总水平	排 序	经济增长水平	排 序	社会发展水平	排 序	科技进步水平	排 序	资源环境水平	排 序	人民生活水平	排 序
太原市	92.75	1	26.66	1	25.55	1	10.91	1	20.4	3	9.23	1
大同市	74.85	5	18.23	9	23.33	5	7.41	7	18.97	4	6.91	9
阳泉市	77.77	4	19.11	7	24.55	3	7.62	4	18.56	7	7.93	4
长治市	80.18	3	19.85	4	23.45	4	7.69	3	21.25	2	7.95	3
晋城市	83.23	2	20.22	2	24.72	2	7.58	5	22.43	1	8.29	2
朔州市	74.05	7	20.17	3	21.51	7	6.38	9	18.43	9	7.55	6
晋中市	74.61	6	19.29	6	20.08	8	8.42	2	18.95	5	7.87	5
运城市	68.79	9	17.16	10	21.57	6	7.45	6	15.44	10	7.17	8
忻州市	57.74	11	14.43	11	17.2	11	6.06	11	13.96	11	6.1	11
临汾市	70.45	8	19.34	5	18.55	9	6.59	8	18.46	8	7.51	7
吕梁市	68.65	10	18.98	8	18.12	10	6.12	10	18.92	6	6.51	10

资料来源：山西省人民政府关于 2007 年地区经济社会发展考核评价结果的通告。

8.3　太原市生态城市建设的差距分析

为进一步明确太原市生态城市建设的差距所在，本书根据“五位一体”生态城市系统模型，以 2007 年数据，对太原市生态城市建设的存在问题进行分析，并识别其建设重点（见表 8-8）。

表 8-8　太原市生态城市建设指标现状（2007 年）

Tab. 8-8　Analysis of eco-city-building indicators in Taiyuan in 2007

目标层	准则层	指标层	现状值	指标等级				达标状况
名称	名称	名称		重建	提升	达标	优良	
城市生态度	和谐的生态社会	城市化水平	81.5	<30	[30,50]	[50,70]	≥70	+31.5
		城市集中供热率	83.1	<30	[30,50]	[50,70]	≥70	+33.1
		恩格尔系数	29	<60	[60,40]	[40,30]	≤30	+11
		高等教育入学率	70	<20	[20,30]	[30,50]	≥50	+40
		人口预期寿命	77.73	<65	[65,75]	[75,78]	≥78	+2.73
		社会保险覆盖率	85.9	<65	[65,75]	[75,78]	≥78	+10.9
		万人拥有公交车(标台)	7.85	<7	[7, 11]	[11, 13]	≥13	−3.15
		就业率	96.4	<80	[80, 95]	[95, 97]	≥97	+1.4
		万人拥有医生数	40	<65	[65, 75]	[75, 85]	≥85	−25
		千人拥有床位数	7	<3	[3.0,4.5]	[4.5,5.5]	≥5.5	+2.5
		群众安全感	85.6	<70	[70, 80]	[80, 90]	≥90	+5.6

续 表

目标层	准则层	指标层	现状值	指标等级				达标状况
名称	名称	名称		重建	提升	达标	优良	
城市生态度	民主的生态政治	生态城市建设规划	正在制定	无	正在制定中	已制定	制定并落实	—
		决策方式	建立重大事项公共决策制度，并部分执行	没有建立重大公共事项决策制度	建立重大事项公共决策制度，但基本没有执行	建立重大事项公共决策制度，并部分执行	建立重大事项公共决策制度，并贯彻执行	＋
		群众对政府诚信的满意度	85.6	<70	[70，80]	[80，90]	≥90	＋5.6
		公众参与指数	65.3	<70	[70，80]	[80，90]	≥90	－14.7
		群众对党政机关行政效能满意度	80.2	<70	[70，80]	[80，90]	≥90	＋0.2
		群众对反腐倡廉满意度	82.4	<70	[70，80]	[80，90]	≥90	＋2.4
		政务公开程度	政府各部门开通电子政务网站，并每周更新政务信息	政府各部门未开通电子政务网站	政府各部门开通电子政务网站，但一周以上不更新政务信息	政府各部门开通电子政务网站，并每周更新政务信息	政府各部门开通电子政务网站，并每天更新政务信息	＋
		职务犯罪增长率	0.3	≥3	[3，1]	[1，－1]	≤－1	＋0.7
		行政效率	建立行政审批中心，并有整套管理制度	建立行政审批中心，没有管理制度	建立行政审批中心，管理制度不全面	建立行政审批中心，并有整套的管理制度	建立行政审批中心，有整套的管理制度，并严格执行	＋

续　表

目标层	准则层	指标层	现状值	指　标　等　级				达标状况
名称	名称	名称		重建	提升	达标	优良	
城市生态度	高效的生态经济	人均国内生产总值（元/人）	36377	<20000	[20000，30000]	[30000，40000]	≥40000	+6377
		年人均财政收入（元/人）	6766	<3000	[3000，3600]	[3600，4000]	≥4000	+3166
		农民人均纯收入（元/人）	5561	<6500	[6500，7500]	[7500，8500]	≥8500	−1939
		城市居民人均可支配收入（元/人）	13745	<12000	[12000，16000]	[16000，20000]	≥20000	−2255
		第三产业占GDP 比重%	47.5	<40	[40，50]	[50，60]	≥60	−2.5
		单位 GDP 能耗（t 标煤/万元）	2.44	≥1.6	[1.6，1.4]	[1.4，1.2]	≤1.2	+0.41
		单位 GDP 水耗（m^3/万元）	36.6	≥170	[170，150]	[150，140	≤140	+113.4
		科技投入占GDP 比重（%）	1.99	<1.5	[1.5，1.8]	[1.8，2.4]	≥2.4	+0.19
		高新技术占GDP 比重（%）	6.6	<1.5	[1.5，1.8]	[1.8，2.4]	≥2.4	+4.8
	创新的生态文化	万人大学生数	758	<100	[100，140]	[140，180]	≥180	+618
		环保宣传教育普及率	85.3	<70	[70，80]	[80，90]	≥90	+5.3
		人均图书藏有量（册）	1	<0.6	[0.6，0.8]	[0.8，1.2]	≥1.2	+0.2
		生态意识普及率	66.3	<70	[70，80]	[80，90]	≥90	−13.7
		消费观念生态化程度	59.6	<70	[70，80]	[80，90]	≥90	−20.4
		精神文明创建增长率	12.5	<10	[10，15]	[15，20]	≥20	−2.5

续 表

目标层	准则层	指标层	现状值	指标等级				达标状况
名称	名称	名称		重建	提升	达标	优良	
城市生态度	创新的生态文化	旅游产业占GDP比重	4.44	<4.5	[4.5，8]	[8，12]	≥12	−3.56
		文化支出占生活支出比重（%）	15	<25	[25，35]	[35，45]	≥45	−10
		文化遗产保护保存完好率	89.1	<70	[70，80]	[80，90]	≥90	+9.1
		对文化设施的满意率	92	<60	[60，80]	[80，95]	≥95	+12
	健康的生态环境	绿地覆盖率（%）	33.5	<30	[30，40]	[40，50]	≥50	−6.5
		城市空气质量二级以上天数	269	<300	[300，330]	[330，340]	≥340	−61
		城市水质达标率（%）	96.78	<80	[80，90]	[90，95]	≥95	+6.78
		SO_2 排放强度（kg/万元GDP）	11.15	>7.0	[7.0，5.0]	[5.0，3.0]	≤3.0	−6.15
		COD排放强度（kg/万元GDP）	2.5	>7.0	[7.0，5.0]	[5.0，3.0]	≤3.0	+2.5
		城市生活污水集中处理率（%）	65.4	<50	[50，70]	[70，85]	≥85	−4.6
		人均水资源（m^3/人）	167.37	<500	[500，950]	[950，1000]	≥1000	−782.63
		人均公共绿地（m^2）	9.1	<8	[8，11]	[11，13]	≥13	−1.9
		噪声达标区覆盖率（%）	91.95	<80	[80，95]	[95，98]	≥98	−3.05

续　表

目标层	准则层	指标层	现状值	指标等级				达标状况
名称	名称	名称		重建	提升	达标	优良	
城市生态度	健康的生态环境	城市垃圾无害化处理率（%）	87	＜90	[90，100]	100	100	－13
		环保投资占 GDP 比重（%）	2.04	＜2	[2，3.5]	[3.5，5]	≥5	－1.46

注：在定性指标中，＋＋表示达到优良等级，＋表示达到达标等级，－表示处于提升等级，－－表示处于重建等级。

资料来源：2002、2005、2007 年《太原市统计年鉴》；2002、2005、2007 年太原市国民经济和社会发展统计公报。

从 2007 年太原市生态城市评价指标的现状值来看，50 个指标中处于重建的有 12 个，提升的有 10 个，达标的有 16 个，优秀的有 12 个。从生态城市构成来看，生态社会达标以上的有 9 个，其中达到优良的指标有 6 个；生态政治 7 个，没有达到优良的指标；生态经济 5 个，其中达到优良的指标有 3 个；生态文化 5 个，其中只有 1 个指标达到优良；生态环境没有达到达标以上的指标。总的来看，太原市生态城市建设离目标相差较远，建设任务十分艰巨，下面我们从 5 个方面进一步地进行分析。

8.3.1　生态政治差距分析

政治是上层建筑，在城市系统中处于主导地位，特别是在生态城市建设初期，仍然走政府主导模式。因此，政治对生态城市建设起着重大的作用。

从表 8-2 和表 8-4 中我们可以看出，太原市作为山西省的省会城市，全省的政治中心，相比其他地级城市，生态政治建设在这几年中取得了重大突破，各项指标在 2002—2007 年都以较大的幅度提升。从 2002—2007 年生态城市的五个组成系统中，生态政治得到了最大的提升，其中 2002—2005 年，生态政治提升幅度达到 42.86%，2005—2007 年提升 21.82%。行政方式、决策制度、政务公开制度等框架已经基本建立起来，群众对政府的诚信满意度、对行政机关效能的满意度、政府的反腐倡廉工作的满意度都在逐年提高，群众参与管理、参与决策的热情和积极性也都在逐年上升，基本达到了生态城市建设的标准，但是仍存在一些问题，突出表现在：

(1) 虽然一些重大制度建立，但是执行情况令人不太满意，如重大事项公共决策制度已经建立，但是执行得普遍不好；行政审批中心都已经建立，但是办事效率还偏低，没有起到应有的作用。在生态城市规划、公众参与管理、政务公开等方面做得不好，群众对党政机关行政效能、政府诚信、反腐倡廉等方面的满意度较低。

(2) 政府的执政理念一味地追求 GDP，片面追求经济发展，是以经济增长为主要指标，以 GDP 增长快慢为衡量工作好坏的主要标准（温洋，2005）。突出的特征就是单纯重视经济增长而不计资源成本代价，重视显性的政绩而忽略隐性的政绩，重视眼前的政绩而忽略长远的政绩。

(3) 政府职能定位不准确，经常出现越位、缺位，突出表现为：一是管理理念上，重审批，轻监管；重管理，轻服务。在政府为主导的经济体制下，政府的服务职能被膨胀的行政权力所替代，政府取代市场进行资源配置，直接干预微观经济活动，市场主体地位被淡化。在市场监管方面，相关的法律制度供给不足，导致政府为市场主体服务和社会公共服务以及对市场的监管职能严重缺位。二是发展理念上，存在重经济增长，轻社会发展，忽视经济与社会全面、协调、可持续发展的偏向。由于只看中 GDP 的增长，出现了许多浪费资源、破坏环境的问题，进而影响到社会的全面进步。三是法制观念薄弱，存在以权代法、以言代法的现象。由此及彼，对各级政府实现经济管理职能的转型带来了很大的制约。

(4) 政府官员的官意识太强。时任山西省省长的于幼军在各地调研后总结了一下当前的干部意识，“不少干部热衷于当官，琢磨人事，没有多少心思去搞事业、谋发展，官文化、官本位意识太强烈，说得多，干得少，战略家多，战术家少，都是在谈大思路、大设想，几乎把所有好听的话都说完了，但对如何去操作却缺乏研究”，“宁愿无作为，也要保‘位子’；宁愿不做事，也要求‘安全’。当官意识十足，为民意识淡薄。”太原市也类似。

(5) 腐败现象还比较严重。以公权牟取私利，大肆收受贿赂，企业相互勾结，权钱交易，玩忽职守，造成的后果严重，这些腐败行为严重损害了政府的形象，社会影响极其恶劣。2007 年，全太原市各级纪检监察机关共受理群众来信、来访、电话举报 1836 件（次），共立案 351 件，结案 358 件（含 2006 年未结案件 7 件），其中万元以上大案 60 件。共处分党员干部 321 人，其中县（处）级干部 21 人，乡科级干部 102 人，给予撤职以上重处分的 107 人，组织处理 42 人，追究刑事责任 75 人，挽回经济损失 2500 万元。

（6）在干部任用上，公开性和透明度不够，社会和群众参与较少，在干部任用决策上，民主环节较少，主要由一把手说了算。这些现状造成了一些干部为了达到升迁的目的，千方百计地跑上级领导，跑推荐人，跑选举人，游说联络，请客送礼，以得到上级的提名，拉到足够的推荐票、选举票，形成了官场上"不跑不送，原地不动；只跑不送，平级调动；又跑又送，提拔重用"的潜规则。

因此，太原市生态城市建设中生态政治建设的重点要围绕：构建多层次的群众参与政治、参与管理的通道，扩大公众参与度；重大事件决策制度的执行中，进一步完善相关制度；进一步推进政务公开；政府行政管理的科学化、制度化、人文化；进一步提高公务员的素质、能力与技巧；在综合决策、文化传承、认知能力、政策体系、公众参与、区域合作等方面，形成成熟的可持续管理体系等。参阅专栏 8-5。

专栏 8-5　"你认为自己有举报腐败的义务吗"专题调查结果

"改革开放 30 年来，评出的 10 个反腐名人，其中 9 人都遭到打击报复。现在的越级上访现象，也说明举报受理机制方面存在问题。很多举报得不到有效回应，甚至经过层层转批后回到被举报单位，出现被举报人拿着举报信找举报人谈话的尴尬局面。"中央编译局当代马克思主义研究所所长何增科说。

2009 年 3 月，中国青年报社调中心通过某网站，以"你认为自己有举报腐败的义务吗"为题，对 3259 人实施的在线调查显示：面对腐败行为，40.1％的人认为自己有举报义务，30.8％的人认为自己没有举报义务，其余 29.1％的人表示"不确定"。

调查发现，如果人们见证了腐败行为，36.4％的人表示会去举报，34.6％的人表示会视情况而定，17.7％的人则表示"不举报"，还有 11.4％的人只有在涉及自身利益时才会举报。

在调查中，公众给出的阻碍举报的因素排序依次为：担心举报"石沉大海"，得不到反馈（36.4％）；担心举报后遭到打击报复（34.9％）；担心没有"铁证"，举报没有结果（15.5％）；不知道有效的举报渠道（7.1％）。

> 调查发现，对于我国目前举报制度的改进，35.4%的人首选建立完善的举报人保护制度，34.4%的人认为应充分利用网络渠道，9.9%的人建议充分借鉴中国香港等地的反腐败经验，6.4%的人认为应做到凡举必查，5.4%的人认为应制定《举报法》，让举报有法可依，5%的人支持“加大对举报人的奖励”，3.5%的人选择“鼓励实名举报，但不排斥匿名举报”。
>
> 调查显示，公众对有效举报方式的排序依次为：网络曝光（35.8%）、传统媒体曝光（31.3%）、向纪委举报（17.2%）、向检察院举报（11.4%）、向上级政府机关举报（3.3%）、向公安部门举报（0.5%）。
>
> **资料来源**：中国青年报，2009.3.25.

8.3.2 生态经济差距分析

经济是生态城市建设的基础，也是一个城市发展的主要动力之一。高效的生态经济表现在经济的持续增长、产业结构合理、比例协调等方面。

从表8-2和表8-8可以看出，太原市人均国内生产总值已达到生态城市标准，但城市居民可支配收入和农民收入却没有达到生态城市标准，特别是农民收入与生态城市标准的差距较大；单位能耗远远达不到生态城市标准，但是从2002年、2005年和2007年的数据来看，单位能耗下降20%，反映了过去太原市的经济是靠高能耗来维持，是一种不可持续的经济。近年来第三产业的比重维持在46%～50%之间，有待于进一步提高。但是高新技术产业在太原市取得了重大突破，其中：高新技术产业占全市GDP比重、科技投入占GDP比重已经达到生态城市标准，反映出了太原市产业结构的调整对经济生态化具有重大的推进意义。

目前，太原市产业结构主要存在的问题如下：

（1）产业结构偏重。尽管改革开放以来，太原市经济建设取得了巨大的成就，特别是进入21世纪太原市城市转型发展以来，逐渐地变“傻、大、黑、粗”经济结构向集约化、科学化、生态化方向发展。但从目前来看，传统的煤炭、冶金、化工、电力产业仍然占据主要地位，占全市工业总产值的70%以上，产业结构矛盾突出，跟全省的经济结构类似。

（2）经济生产方式线性化。太原市经济生产模式基本上是一种由“资源—产品—污染排放”的单向流动的线性经济模式，并且产品链条简单，产业延伸相当有限。经济特征可以归纳为“高开采、低利用、高排放、高污染”。即高强度地把资源开采出来，然后把污染和废物大量地排放到水系、空气和土壤中，对资源的利用是粗放型的和一次性的，通过把资源持续不断地变成废物来实现经济的数量型增长，不仅资源低效利用，而且污染环境。

（3）第三产业所占比重较低，现代服务业极不发达。从 2000—2007 年的数据来看，太原市第三产业在 GDP 中所占比重一直在低位徘徊不前，近年来呈现下降的态势。从其结构来看，传统服务业所占的比重相当大，特别是饮食业、运输业比重较大，而一些现代服务业比重特别小，特别是金融服务、证券服务、会展服务等新型服务业的发展相当的缓慢。

因此，近期太原市生态城市建设中生态经济建设重点要围绕：以粗放型经济为主导的产业体系向复合型、特色型和知识型经济为主导的高效型生态经济转型，提高知识、科技等要素在经济增长中的贡献率；调整产业结构，以第三产业为重点，利用高新技术改造、提升传统产业，实现竞争方式和观念的根本转变，积极发展低消耗、高技术、高附加值的生态产业；优化产业布局，积极引导工业向园区集中，对不符合区域环境功能要求的，以及严重影响居民和周围环境的工业企业实施搬迁或转产；加强区域间的横向联合，建设可持续发展的循环经济体系，等等。

2000—2007 年，太原市产业结构状况如图 8-4 所示。

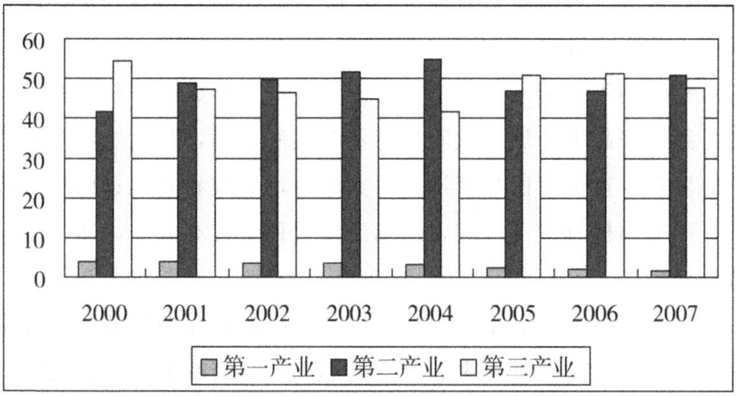

图 8-4　2000—2007 年太原市产业结构状况

Fig. 8-4　Taiyuan industrial situation from 2000 to 2007

8.3.3 生态社会差距分析

人类和精神的健康发展，社会服务和保障体系的完善，社会管理机构的健全是生态城市追求的，也是生态社会系统的重要目标与要求。

从表 8-2 中可以看出，太原市生态社会达标率最高，11 个指标中有 7 个达到或超过生态城市建设标准。太原是山西省省会，又是具有 2500 年历史的文化名城，是山西省的政治、经济、文化中心，城市的集中供热、气化网络等基础设施相对比较完善。教育、社会保障、交通、就业率等指标都已达到生态城市标准。

从表 8-8 中可以看出，太原市生态社会各项指标在历年评价中得分较高，三次评价逐年上升，但是增长幅度不大。三次评价中社会保障覆盖率、群众安全指数两项指标变化率较大，分别从 65.3％上升到 85.9％，从 75％上升到 85.6％，其他指标已经达到或超过生态城市建设标准。但是还存在一些问题，突出表现在：

（1）社会问题凸显。随着人口的增加，城市规模的扩大，带来了一系列的社会问题，表现在：看病难、看病贵、就业失业、收入差距过大、贫富分化、贪污腐败、养老保障、教育收费、住房价格过高、社会治安、社会风气、交通拥堵等方面，其中：看病难、看病贵和就业失业问题以及收入差距过大、贫富分化是最突出的三大社会问题。

（2）医疗体制不完善。医疗资源分配不合理，形成好医院与基层医院之分别，并且差距越来越大，城里人看病，不管大病小病，都去好医院，而一些基层医院门可罗雀，造成了医疗资源的巨大浪费，导致看病难；由于医院管理体制不完善，药品招标制度不合理，药品流通过程中成本太高，造成药品价格虚高，导致看病贵。

（3）社会保障体制不健全。生活费用的提高、医疗费用的提高等生活不确定因素增多，老年人的养老忧患意识逐渐加重；医疗改革、社会保障发展的不确定性，导致中青年人对自己几十年后的养老问题担忧。

（4）居民安全感有所降低。随着城市硬件建设的加快，相关的管理、监督、服务机制、体制没有跟上，“假汾酒”“福寿螺事件”“苏丹红鸭蛋”“多宝鱼”等系列食品安全事件的发生，使居民对社会安全有所担心，特别是近些年来的食品安全问题已引起居民的高度关注。

(5) 城市交通体系不健全。目前太原市城市公交比较乱，重点体现在公共交通没有纳入解决城市交通问题的重要地位，公共交通运营在城市中存在分布不均、覆盖范围小、城乡接合部或近郊没有开通公交汽车、公共交通运营不正点、服务质量有待于提高、站台设置不合理等问题。实践经验告诉我们，发展公共交通是解决城市交通问题的首选，目前北京、上海、杭州等许多城市都已经把发展公共交通列为重点工程。

因此，在生态城市建设中，太原市的生态社会建设重点围绕以下几方面：构建城市生态安全格局，整合城市空间资源；建立多层次、完善的社会保障体系，扩大社会保障覆盖率；加快医疗卫生事业发展，解决群众看病难、看病贵问题；尽快完成建成区污染企业的外迁，优化人居空间环境，完善城市公共交通、城市污水处理、集中供热、休闲公园等公共基础设施布局，等等。

8.3.4　生态环境差距分析

环境健康是生态城市的重要特征之一，主要表现为资源供应及调剂能力强、自然环境良好，人口环境协调。生态环境是生态城市的基本保证，也是城市良性发展的基础。

2002 年，太原市在生态环境 11 个评价指标中有 8 个指标属于重建等级，经过 5 年的建设有 4 个指标脱离了生态重建等级，其他 4 个指标没有脱离生态重建等级，但是已经得到了大幅度提升，空气质量超过二级以上天数由 2002 年的 153 天到 2007 年的 269 天，城市垃圾无害化处理率由 2002 年的 65%到 2007 年的 87%。

从 3 次评价结果来看，2002—2005 年生态环境提升的幅度高达 42.86%，2005—2007 年生态环境提升幅度下降到 10%。其中：汾河公园、城西水系、护城林带等 6 大绿化工程对生态环境的提升具有强大的推动力。

但生态环境是太原市城市建设的一块“短板”，历史的欠债需要一一补上。目前最严重的是：

(1) 水环境保护任重道远。太原市是一个水资源严重短缺的城市，不及全国人均水资源的五分之一，再加上城市基础设施的不到位，特别是污水排放、垃圾处理等基础设施的历史“欠账”，导致太原市的水环境一直就严重地影响太原市的发展。2007 年集中式生活饮用水源地达标率为 58.3%，水质未达标项目主要为总硬度、总氮、总硫、总硫酸盐氮；城市水环境功能区水质达标率为50%，全市生活污水处理率为69.38%，共有北郊、殷家堡、杨家堡、河西北中部、太钢尖草坪、太化南堰污水处理厂，设计日处理污水能力仅为40万吨。

(2) 大气环境没有彻底改观，2007年，太原市二级以上天数为269天，占全年的73.7%，空气中仍然以二氧化硫和颗粒物为主要污染物的煤烟型污染。近年来，“城中村”污水和采用的采暖供热锅炉的直接排放是造成太原市水环境和大气环境污染的重要因素之一。

(3) 城市的绿化有待于加大力度。太原市城市公园、绿地、绿化覆盖率在全国省会城市中处于落后地位。因此，目前太原市生态环境形势严峻，环境改善的压力较大。在太原市生态城市建设中，生态环境建设要重点围绕：切实保护居民的生命安全，加强城市水源地保护；科学合理地规划建设污水集中处理厂；进一步扩大城市集中供热范围，提高供热质量；加快太原市“城中村”改造和建设步伐，把其供热、排污等纳入到太原市建设的整体规划中来，等等。

8.3.5 生态文化差距分析

生态文化包含追求人与自然的和谐关系以及人与人和谐关系的基本立场、价值观和方法，而一个生态型关系网络的建立正是实现生态发展可持续、经济发展可持续与社会可持续的牢固基础。生态文化是生态城市建设的灵魂。

根据表8-2和表8-8，从2002年到2007年生态文化得到了较大幅度的提升。在10个生态城市生态文化指标中，2002年有7个属于重建区，到2007年已有3个指标脱离重建区，另外4个指标虽然仍处在重建区，但指标值有了长足的进步。其中，生态意识和绿色消费观念一直是太原市生态文化建设的“软肋”。从生态文化的物质层面上看，山西省是个文物遗产大省，太原市范围内有成百上千处文物古迹，在20世纪80年代曾遭到严重破坏。近年来政府加强了文物古迹的保护工作，使许多文物得到保护与修缮，一些民间隐藏的历史文物古迹重新面世，所以，文化遗产保护保存完好率逐年提高。另外近年来政府对群众文化设施的投入不断增加，在范围上、层次上都有不同程度的发展，人们对文化设施的满意率也在不断上升。

总之，太原市在生态文化方面作了积极的努力，取得了一些成绩，但与广大人民群众的要求相比差距还不小，目前，主要存在以下的不足：

(1) 生态消费和绿色消费的观念还未深入人心，更没有体现在行动上。突出表现为：攀比心理严重、消费高档奢侈品、节能意识不强等。

(2) 道德取向和道德秩序也出现了不正常的情况。相当多的人们追求“做官”，追求“出名”；认为“人生就应该要吃好的、穿好的、住好的”，“有关系或后台硬，要找份工作不是件难事”，“善良正直的人常常会吃亏”等看法正在改变人们的人生观、价值观和消费观。

(3) 人们的追求以经济为主，以自我为中心，人与人之间的友情在淡化，取而代之的是金钱。而一些地区、单位或个人，为了一己之私利，不惜污染别的地区和共有的环境，反映出人与人之间、人与整体之间、地区与地区之间的不和谐。在物质主义、享乐主义思想的支配下，这种情况愈演愈烈。

(4) 文化建设的投入不足，城市的文化氛围不浓，城市的文化发展呈退缩趋势。出于尽快提高城市居民水平的原因，各城市政府都把城市经济发展放在了首位，对经济方面的投入远远大于对社会文化方面的投入，各城市在发展本地特色文化、形成独具韵味的城市文化特点方面严重不足，致使千城一面，城市缺乏文化氛围，浮躁之气盛行，严重影响了城市居民的生活质量和对外形象，削弱了城市的吸引力和竞争力。

(5) 城市文物古迹保护修复不够。太原市内许多文物古迹由于年久失修，濒临消失的境地，特别是一些民间文化、民间艺术更是无人继承，面临失传的困境。

因此，太原市在生态文化建设中要重点围绕：加强生态文明的宣传与教育活动，引导市民的价值取向从富足向健康与文明转化，培养群众生态消费、绿色消费的观念并积极转化成实际行动；加大投入建设图书馆、文化馆等群众性文化设施；大力发展文化产业，提高其在 GDP 中的比重；充分挖掘、全面整合历史文化资源，张扬、提升城市文化和人文精神，凸显充满诗意和特色的城市文化底蕴；进一步加强文化遗产的保护工作，等等。

第9章 太原市生态城市建设的对策与建议

鉴于目前太原市城市现状及历史，太原城市建设必须立足于以生态资源的节约与生态环境的恢复为前提，以新型工业化推进产业结构优化为手段，以区域协调与城乡统筹推进城市空间结构优化，培养创新文化与继承传统文化培育城市灵魂，继续深化政治体制改革推进民主政治建设。

总体目标：太原市实现“南移、西进、北展、东扩”的城市发展构想，突出山、水、城、林等自然特征和人文历史特征，建立城市空间优化、城市及产业布局科学合理、城市环境优美的生态环境格局，民主、公正、决策科学的生态政治环境，高效、发达、合理的生态经济体系，以人为本，底蕴深厚，勇于创新的生态文化环境，进步、和谐、富裕的生态社会环境，实现人、城市与自然高度和谐协调发展的生态城市。

为实现这一目标，要分两步走：

第一步，到2012年，初步形成太原市生态城市框架：资源节约、环境友好的绿色经济体系；生态宜居、协调共进的新型城乡体系；全面发展、共同富裕的和谐社会体系；延续文脉、科学先进的特色文化体系；充满活力、适应科学发展观的新型体制机制初步构建完成。

第二步，到2020年，基本建成太原市现代化生态城市：高效的生态经济体系、民主的生态政治体系、健康的生态环境体系、和谐的生态社会体系、创新的生态文化体系全部建成，现代化的生态城市基本建成。

为完成以上目标，基于目前太原市城市建设的现状，必须按照“五位一体”的生态城市理论与生态城市建设动力模型，采取恰当的模式和方法，推动太原市生态城市建设，充分调动生态城市建设内在动力源的积极性、主动性和能动性，使其成为生态城市建设的主要动力。同时采取各种措施创造外在动力源发挥最大作用的环境，提高政策力，这是当前生态城市建设的最大动力；采用先进的技术与工艺，降低约束力，不断推进技术创新，特别是要提高自主创新能力，发展生态技术，助推生态城市建设；制定各种环境政策，鼓励生态化发展，严厉制裁破坏环境的企业和公民行为；从观念、思想上进行生态意识和习惯的培养，建设生态文明，是推动生态城市建设的最根本、最有效、最长久的方法。

为此，太原市生态城市建设要从构建“五位一体”生态城市体系入手，做好以下五方面的工作：

9.1　建设民主的生态政治体系

随着社会的进步，人们越来越关注生态政治，一个政治体系要想获得满意，为社会所认可的运行效果，就必须关注公民权益，关注政治人的状态，注重管理的方式方法，摆正政治在城市体系中的地位，实现政治社会性化，以社会为服务对象，满足社会发展对于政治支持的要求。因此，生态政治体系的构建，必须实现政治理念转型、政府决策方式的转变，加强干部队伍的建设与管理和政府管理的生态化转型。

9.1.1　加快政治理念的转型

政治理念的转型，是指由政治中心主义向政治工具主义转变（诸大建，2008）。

政治中心主义是以政治自我为中心，颠倒了政治与社会的关系，把社会置于为其存在和发展服务的工具地位，而不是把服务于社会作为其存在的根本，政治中心主义认为，政治是凌驾于社会之上的，是至高无上的，政治即为目的，为政治服务，被政治奴役，是社会存在的根本。这种政治文化是极度近视的，是一种功利的反生态政治文化，从表象看，牺牲社会的利益，以满足政治体系的利益要求，能够实现政治体系利己的目的，但从深层看，这是把社会推向了自己的对立面，撬动了自己赖以自下而上的根基与依据，破坏了政治体系与生态社会的环链关系，从而危及政治体系的长远发展。当前，“权力至上”“对上不下”“百姓至贱”“政治挂帅”“一切为了权力”“有权就有一切”等，是典型的政治中心主义的表现。

政治工具主义是比政治中心主义更先进的生态政治文化，所谓政治工具主义就是以社会进步与人类福利为中心，把政治作为一种实现目标的工具。政治工具主义认为：政治的存在是以社会及其人群为前提的，没有社会，就没有政治。服务于人群，是政治存在的唯一理由。保持社会安定、促进社会的持续发展与繁荣、保障公民的生命、自由和财产不受侵害、维持经济交往秩序、保证公民的安居乐业是政府与国家的主要职责。这种政治文化是一种长远的、大公的生态政治文化。政治体系以社会的永续发展为己任，着力于社会的长治久安和持久繁荣，着力于创造宽松和谐的社会环境以及相应的制度保障，并不十分在意自身能否长久存在的问题，政治体系在以社会发展为宗旨的运作过程中处于“忘我”的状态。但由于它在主观上具有与社会环境协同共进的愿望，以及相应的沟通手段，使得它在客观上建立起与社会环境良性互动的生态化关系，赢得社会及其人群的信赖与支持，这反而在看似无意中创造了该政治体系赖以长久存续和健康发展的社会条件。服务型政府的建设、工作作风的转变就是这种生态政治文化的实际贯彻。

因此，生态城市建设中必须转变施政观念，放弃政治中心主义，融政治于社会，融政治于生态城市建设，实现政治社会化，以生态城市建设为大局，满足城市发展对于政治支持的要求，为社会发展创造良好的生态政治环境。

9.1.2 加快政府决策方式的转变

管理学说中讲管理就是决策，决策的绩效是最大的绩效，决策的失误也是最大的失误，决策水平是政府执政能力的集中体现。我们党的十六大报告提出的“要完善深入了解民情、充分反映民意、广泛集中民智、切实珍惜民力的决策机制，推进决策科学化民主化”的要求，进一步强化决策议事的方式转变。当前，生态城市建设是政府主导，其他主体共同参与的（王爱兰，2008）。因此，必须转变政府决策方式，建立健全各种决策制度。主要有：

（1）社会公示制度。政府重大决策社会公示制度，也就是将政府决策理由、决策程序和决策内容等公之于众，使那些群众非常关注，同时又需要群众理解、支持和配合的重大政府决策，让人民知情，请人民评判，从而使决策民主化得到落实，使广大人民群众的根本利益得以实现。

（2）社会听证制度。听证制度是指政府在作出行政决策前，主动给利益相关人提供主张的机会，公开听取利益相关人意见的程序性制度。在听证过程中，公民和各种组织都可以充分表达对各种备选方案的意见，确保公众对决策的参与权和发言权，这就限制了政府决策的随意性，避免偏听偏信，从而使政府决策民主化得以有序实现，使政府的决策方案更加公平公正并易于贯彻落实。

(3) 专家论证制度。国际国内行政环境日益复杂化及政府面临问题的多样性，决定了各级政府在进行重大决策前，要最大限度地组织相关专家群体分析研究，听取专家组的意见，减少重大决策失误，提高决策科学化水平。一般专家论证主要是从决策问题的必要性、决策目标的正确性、措施手段的合理性、决策结果的效益性等方面展开进行。科学性和操作性是专家论证的核心内容，如果一项决策缺乏可行性与操作性，该项决策就可被否定。

(4) 决策评估制度。为了检验与考核政府决策的合理性，建立健全决策评估制度，对已经出台的政府决策的实施效果进行考核，促进政府决策的改进与完善。决策评估的范围，既包括对政府决策活动的评估，也包括对政府执行活动的评估，是对整个政府决策运行过程的全方位的评估。

(5) 决策责任追究制度。建立健全决策责任追究制度就要求“谁决策、谁负责”，实现决策权和决策责任相统一。决策失误属于工作水平问题的，要进行行政处理；属于违反法律的，要依法处理；造成重大经济损失，或有以权谋私等现象的，要从严处理，直至追究刑事责任。

9.1.3　加强干部队伍建设

(1) 政绩观的转变。当前领导干部的政绩观有些地方与生态城市建设及可持续发展的要求极不相符，突出表现在：“唯 GDP 论”，忽视资源、环境、公平以及成本等要素，使得经济发展过程中，各级政府急功近利，甚至出现畸形的经济增长；违背经济规律，热衷于搞各种各样的“面子工程”“形象工程”；脱离实际，好大喜功，不考虑可持续发展，不考虑当地的财政承受能力和老百姓的承受能力，滥搞开发，乱上项目；数字造假，在各种汇报数据上做文章，欺骗上级，欺骗群众等。建设生态城市必须树立正确的政绩观，要以人民利益为重，坚持把实现个人追求与实现党的奋斗目标、人民利益紧密联系起来，不为私心所扰，不为名利所累，不为物欲所惑，坚持做到权为民所用、情为民所系、利为民所谋，真正把工作重点放到解决关系改革发展稳定的重大问题上，放到解决关系群众生产生活的迫切问题上，自觉实现好、维护好、发展好最广大人民的根本利益；要坚持以人为本，坚持问政于民、问需于民、问计于民，多办顺民意、解民忧、增民利的实事，把为群众排忧解难的工作落到实处；要进一步增强忧患意识、进取意识、节约意识，提倡艰苦奋斗，反对奢侈浮华，坚决抵制享乐主义、拜金主义的侵蚀，在艰苦奋斗中创造出群众满意的政绩。

(2) 完善干部的选拔任用制度。干部任用具有导向作用：用准一个干出实绩的好干部，就等于树起一面旗帜，可以激励更多的干部奋发进取，创造更多的实绩；用错一个搞虚假政绩的干部，不但会挫伤干部的积极性，而且会误导干部的政绩观。

在用人导向上，必须坚持看政绩用干部，要旗帜鲜明地鼓励开拓，支持实干。按照“党政人才的评价重在群众认可，企业经营管理人才的评价重在市场和出资人认可，专业技术人才的评价重在社会和业内认可”的标准任用干部。

改革选拔制度，积极推行公开选拔、竞争上岗，大力选拔优秀年轻干部，实行任职试用期制度，做好调整不称职干部的工作，促进干部管理方式从以职务管理为主向以职责管理为主转变，保证领导职位和领导人才的配置效率，保证干部选拔任用工作的公正。

完善激励机制，褒奖和重用勤政为民、求真务实、政绩突出的干部，严惩无所作为、好大喜功、弄虚作假的干部，努力形成务实、干事、创实绩的良好氛围，使干部把心思、智慧和力量凝聚到加快发展、多为人民创造政绩上来。支持、奖励那些长期在条件艰苦、工作困难地方工作的干部，那些不图虚名、踏实干事的干部，那些埋头苦干、甘于为地方经济社会长远发展打基础的干部。

(3) 建立健全科学的考评体制。进一步完善现行干部考核评价体系，政绩考核体系的核心是考核指标体系和评价标准。按照系统性原则、全面考核原则、科学性原则、可量化原则、导向性原则等，构建现代干部考评体系。新的考核体系必须包括以下指标：

第一，反映居民生活状况的指标。主要有：城市居民人均可支配收入及增长率、农民人均收入及增长率、居民人均消费水平及增长率、居民人均储蓄存款余额及增长率、基尼系数、人均信息费用及增长率、商品、服务质量群众投诉件数及上升率。

第二，反映经济发展状况的指标。主要有：人均 GDP 及增长率、社会劳动生产率及增长率、人均地方财政收入及增长率、资金利税率及增长率、全社会固定资产投资总额及增长率、科技三项费用及增长率等。

第三，反映社会发展状况的指标。主要有：就业率、居民最低生活保障覆盖率及增长率、城市人口占总人口的比率及增长率、社会治安破案率、每万人拥有卫生技术人员数及增长率、九年义务教育实现率、万人中专、高中、职高升入大学的比率及增长率、人口自然增长率等。

第四，反映环境保护状况的指标。主要有：城市建区绿化覆盖率及增长率、“三废”治理达标率及增长率、空气质量及饮用水质量变化率、森林覆盖率及增长率、环境投资增长率、群众性环境诉讼事件增长率等。

政绩考核体系确定之后，更重要的是用相应的体制机制来保证。从制度建设的角度来看，必须把群众公认纳入到干部政绩考核的制度中去，并作为首要的原则，使群众观点和群众路线在干部政绩考核和任用中得到制度落实和保证。参阅专栏 9-1。

专栏 9-1　“三观”新论

中共中央政治局常委、中央书记处书记、2010 年 9 月 1 日，时任中央党校校长习近平出席中央党校 2010 年秋季学期开学典礼并讲话。他强调，新的形势和任务对领导干部不断提出新的要求，国际国内环境深刻变化使领导干部面临的挑战和考验越来越大。各级领导干部要坚持向书本学习，向实践学习，加强党性修养和锻炼，牢固树立正确的世界观、权力观、事业观，坚定崇高理想，坚持立党为公、执政为民，尽心尽力干好工作。

一观：世界观。中国共产党坚持辩证唯物主义和历史唯物主义的马克思主义世界观，始终坚持代表最广大人民根本利益的政治方向、政治立场、政治观点。领导干部树立正确的世界观，必须坚定共产主义理想和中国特色社会主义信念，自觉把人生追求和价值目标融入为祖国富强、民族振兴、人民幸福的奋斗之中。有了这样的理想信念，才能使自己变得精神高尚、眼界开阔、胸怀坦荡、生活充实，也才能做到淡泊名利、克己奉公、无私无畏、勇往直前，毫无保留地为国家为民族为人民贡献自己的一切力量。

二观：权力观。马克思主义权力观概括起来是两句话：权为民所赋，权为民所用。领导干部不论在什么岗位，都只有为人民服务的义务，都要把人民群众利益放在行使权力的最高位置，把人民群众满意作为行使权力的根本标准，做到公道用人、公正处事。他指出，权力的行使与责任的担当紧密相连，有权必有责。看一个领导干部，很重要的是看有没有责任感，有没有担当精神。各级领导干部要珍惜使命、不负重托，在难题面前敢于开拓，在矛盾面前敢抓敢管，在风险面前敢担责任，全心全意为人民服务。领导干部工作上要大胆，用权上则要谨慎，常怀敬畏之心、戒惧之意，自觉接受纪律和法律的约束。

三观：事业观。中国共产党人的事业观，就是为人民利益不懈奋斗，为中国特色社会主义事业不懈奋斗。前进的道路上不会一帆风顺，事业顺利时要满怀信心、毫不动摇地为之奋斗，遇到曲折和挫折时同样要满怀信心、毫不动摇地为之奋斗。共产党员和领导干部不论做何种工作，都是为坚持和发展中国特色社会主义干事创业，都是必须做好的光荣事业，都要真正把精力和才干集中和用在所干的每一件工作上。他强调，领导干部树立正确事业观，必须树立科学发展观。在发展观上出现盲区，往往会在事业观上陷入误区。不坚持科学发展，即使一时搞得轰轰烈烈，最终也干不出党和人民需要的事业来。领导干部对待政绩，要坚持实践观点，把求真务实作为实现政绩的基本途径；要坚持群众观点，把维护群众利益作为追求政绩的根本目的；要坚持历史观点，把科学发展作为衡量政绩的主要标准，做到立足当前、着眼长远、统筹兼顾。

"世界观、权力观、事业观"就共产党人如何看待人生、权力、事业，如何立身、用权、做事，作了系统的回答。"三观"是对党员干部必须树立的思想观念的概括浓缩，世界观标举人生指南，权力观揭示权力本质，事业观蕴含施政方向，相互联系，融为一体。贯穿于"三观"的一条鲜明的红线，是马克思主义的人民观。领导干部人生的最大价值，在于为人民谋幸福；干部权力源于人民，权力使用和运行也要服务于人民；共产党人的事业，只能是为了广大人民利益而不懈奋斗的事业。也就是要为人民利益奋斗终生、为人民执好政掌好权、为人民努力干事创业。

——习近平在中共中央党校2010年秋季开学典礼上的讲话，2010.9.1

9.1.4 加快政府管理的生态化转型

政府是推进生态城市建设的主导力量，急切需要改变传统的政府管理模式，实现政府管理的生态化转型，构建政府的绿色管理体系。

政府绿色管理体系的构建，需要实现行为主体假设的转变，从单一的"经济人"假设向以"生态人"假设为基础的三重假设（生态人、经济人、社会人）转变；资本结构的转变，从单一资本结构向以生态资本为基础的，由生态资本、物质资本、社会资本组成的复合资本结构转变；成本结构转变，由外部性向内部性的转变；效益结构转变，由单一效益取向向综合效益取向转变，由当代效益取向向同时兼顾代际效益转变的四个转变，做好以下具体工作：

（1）设立“绿色高压线”，强制推动绿色管理。系统设置市场准入的绿色门槛。制定所有的生产经营、消费活动必须遵守的技术、质量、安全、消耗、环境等方面的规范与标准，加快制定和完善有关法律、法规，依法对产品生产、流通、消费的全过程进行绿色监管，严格控制和禁止高能耗、高污染、质量低劣、不符合生态安全和卫生标准产品的生产与消费。

建立强有力的惩治机制，实现惩罚机制刚性化。坚决保护和鼓励绿色生产和消费，重点解决违法成本低、守法成本高的问题。要通过重税、取消财政补贴等办法迫使经济主体放弃高污染、高浪费的经济行为。关键是把好宏观调控的三道闸门即信贷政策、环保执法和土地政策。信贷政策要作较大的结构调整，严格限制和逐步减少对传统产业的支持，提高绿色投入。

（2）进一步完善绿色经济管理体制。改革一切不适应绿色经济发展要求的旧体制，构建推进绿色经济发展的强大持久的体制性动力。在环境法规标准制定、环评审批、干部政绩考核等方面提出新要求，健全新机制、设计新制度。加快生态立法的步伐，通过法律规范约束经济活动。建立健全有关绿色经济发展的各项管理制度，比如现行的各项环境管理制度、自然资源权属管理制度、有偿使用制度和使用权（产权）流转制度、绿色 GDP 制度和干部的绿色考核制度等，逐步形成绿色经济管理制度体系。同时，加快市场经济的绿色改造，建设绿色市场经济体制，政府运用税制、补贴、法律、监督等手段，把资源、环境成本内化为生产者的成本。

（3）深入推动绿色标准的制定与实施工作。绿色标准是按照生态文明和绿色经济的理念制定的，有利于生态环境保护和可持续发展的，全社会必须执行的具体规范，它是推进绿色管理的具体抓手，是支撑绿色经济和绿色社会的骨架。太原市从 2006 年实施绿色标准战略以来，取得了较好的经济与社会效益，在全市、全省引起了较大的影响。因此，要把绿色标准工作继续深入，在更多层次，更广领域里展开。在生产领域，制定推行绿色产业、绿色园区、绿色企业、绿色产品标准；在消费领域，制定推行绿色宾馆、绿色饭店、绿色商店标准；在社会领域，制定推行绿色学校、绿色医院、绿色社区标准；在政府领域，广泛推行绿色机关、绿色采购、绿色办公、绿色服务、绿色考核标准；在全社会各领域开展“绿色十佳”评选、创建活动，实现绿色转型整体推进。

9.2 建设高效的生态经济体系

城市经济功能，是城市中最重要最活跃的实体功能之一，它是城市整体实现生态化的根本动力所在，也是其他功能生态化的基础。太原市作为历史悠久的能源重化工城市，在未来城市建设中将面临经济发展与环境保护的两难选择，如果只发展高新技术产业、旅游业等新兴产业，完全拒绝传统的污染支柱产业，则会丧失宝贵的发展机遇；如果继续传统产业的发展，则会面临严峻的环境问题。破解这一困境，一是要调整产业结构，建立生态产业体系，二是要利用生态科技助推产业发展。

9.2.1 构建生态产业体系

所谓生态产业体系是指按生态经济、循环经济和知识经济规律组织起来的基于生态系统承载能力、具有高效的经济过程及和谐的生态功能的网络型、进化型产业的组合（董锁成、李泽红，2005）。生态产业体系包括：生态农业（包括生态林业、生态畜牧业与生态渔业）、生态工业、生态服务业（生态旅游业、绿色产品业）（胡放之、熊启滨，2008）。

1. 大力发展生态工业

太原市作为传统能源重化工城市，工业结构必须尽快优化，必须坚持走新型工业化道路，注重提升工业内涵，具体讲必须大力发展循环经济，不断升级产业结构，努力建成融高新技术、资本和知识为一体的富有特色的生态型新型能源基地。

生态工业总体布局：结合生态型新型能源基地建设目标，统筹规划，开辟园区，引导资源合理配置，在主城区和主城外围规划形成“四区七片”的工业发展总体格局。“四区”：高新技术产业开发区、经济技术开发区、民营经济开发区、不锈钢工业园区；“七片”：东山煤矿服装城工业区、河西南部精细化工产业区、河西综合产业区、西山煤矿建材产业区、河西北部重工业和农业机械工业区、城北太钢工业区、迎新工业区。

加强国家级和省级工业园区建设。以配套互补、合作衔接为原则，突出特色产业和主导企业的发展，提升园区产业质量和竞争力。加快太原高新技术产业开发区高新技术产业化基地建设，加速培育一批高水平的高技术企业孵化器，强化集聚、创新、产出功能，努力形成在国际、国内有明显优势的高技术产业群。加快太原经济技术开发区建设，重点发展机电产业、高新技术产业、机械制造产业三大产业群，建设全国先进的农用机械、输变电设备、电子设备与机电一体化、新型材料、生物医药专业化制造基地。

改造与提升传统行业。积极推进化工、煤炭、冶金和机械制造等传统行业的技术进步，指导传统行业有针对性地进行工艺改革、技术改造和产品结构调整，力争使其发展从传统的依靠资源消耗和产品数量向依靠核心技术与产品品质转变，实现竞争方式的根本转变。在电子信息、新型材料、生物医药及精细化工、农业机械、输变电设备、工程机械、金属冶炼及加工等行业中，选择有较好产业基础、较好市场发展前景、产业关联度大、适于嫁接高新技术的制造业率先升级。

推进循环经济建设，在区域层面、园区层面、企业层面大力推广循环经济建设。尤其在园区的企业要充分实现资源共享，实现各类生产要素的优化整合，使工业园区成为中小企业发展的载体与平台。选择基础较好、有代表性的开发区、工业园区，进行产业链的生态设计，通过产业之间的链接，在各企业间形成资源共享、副产品互用的大循环网。建立循环型工业模式，进一步提高资源利用效率，减少污染物排放，构建生态型的产业系统的运行方式。

2. 加强生态农业建设

太原生态农业发展要以服务于全市农副产品供应为主要功能，以建设出口创汇农产品基地为辅助功能，以建立都市型生态农业产业结构和优化产业布局为方向，以加快建设无公害、绿色和有机农业生产基地为龙头，推进农业产业化、规模化和生态化发展。以生态工程和生态技术为手段，以基本农田保护和农田基础设施建设为平台，合理开发与保护农业资源，有效控制农业面源污染，全面改进农业生态环境和生产环境，实现生产过程清洁化、产品无害化和优质化，为社会提供生态产品和生态服务。

以县域经济为载体，努力构建以都市现代农业为基础、绿色产业为主导、特色城市为支撑的农村经济发展新格局。进一步优化农业结构，重点发展蔬菜、畜牧两大优势产业，着力发展生态、绿色、休闲观光农业；加快农业产业化步伐，做大做强骨干龙头企业，把太原市建成全省的绿色农产品加工基地和集散中心。

3. 加快发展生态服务业

坚持发展现代服务业和提升传统服务业并举，发展生产性服务业和消费性服务业并重，发展知识密集型服务业和劳动密集型服务业兼顾，构筑传统产业加快提升、新兴产业加快成长的新型产业格局，建成具有太原特色的生态商贸、物流与旅游产业为支柱的生态服务业体系。

发展生态旅游业。太原作为2500年历史的文化名城，有着丰富的旅游资源与人文资源，发展生态旅游业将是构建生态服务业体系的重要组成部分。着眼于建设“华夏文明看山西”国际旅游的中心城市，加大区域旅游资源的整合和开发力度，加强旅游基础设施和服务设施建设，打造精品景区，提升太原市旅游中心城市和集散地的功能。通过旅游资源整合和旅游产品开发，以晋祠、傅山和千年龙城为形象要素，塑造文明太原的旅游新形象。以市场需求为导向，以优质资源为依托，以精品旅游项目建设为核心，对旅游资源进行有机整合和创意开发，最大限度地提高太原的旅游资源效应和旅游市场影响力。

建设生态物流业。着眼于建设区域物流中心，借助中部崛起，大力发展现代物流业，建设大型专业物流园区，构建起社会化、专业化、规模化、集约化的现代物流体系。在“物流园区—物流中心—配送中心”的三级物流布局模式上，统筹规划，合理布局，推进综合生态物流园区的建设，培育壮大一批生态物流企业。加强对物流企业的管理，控制物流活动的污染发生源；通过政府指导作用，促进企业选择合适的运输方式，发展共同配送，以减少交通阻塞，提高配送效率；加强生态物流标准建设，推进物流经营者物流运作的绿色化；完善物流企业经营资格制度，把通过ISO 14000环境管理体系系列标准认证作为物流企业取得运营资格的必要条件。

发展现代服务业。重点发展着眼于建设现代商务中心城市，完善支持服务业发展的各项政策；着眼于建设服务全省的金融中心，完善银行、证券、信托、保险、期货等金融服务体系，增强区域性金融调控、金融信息、票据交换及资金汇集功能，使太原市成为全省产业资本流转的枢纽和金融服务的高地；积极培育会展业，扶持综合实力强和专业水准高的会展企业，创造富有太原特色、知名度较高的会展品牌；抓住新的机遇，积极发展信息服务业，大幅度提高第三产业特别是现代服务业占国民经济的比例。参阅专栏9-2。

专栏 9-2　太原市八大功能区与十大产业板块简介

“十二五”期间，作为山西省会的太原，将建成为具有国际影响力的区域性大都市，太原将依托八大功能区，做强十大产业板块。

1. 八大功能区

(1) 西山创业产业、文化旅游区。将通过关闭小煤矿、搬迁“太化”等一批重污染企业，大力发展文化旅游、创意等现代服务业，构建西山文化产业聚集区。整治晋阳湖，加快建设万柏林生态园，规划论证建设太山植物园、蒙山地质公园等一批生态景观工程。以蒙山、天龙山等为依托发展旅游产业，建成城市综合功能区。

(2) 汾东高新产业、现代服务业区。位于小店区和国家经济开发区，将建设以 IT、镁铝合金、煤机、重汽为主的高新产业基地；以机场物流、龙城总部经济区、太原大学、浙商贸易城为主的现代服务业基地；以蒙牛乳业和农业观光旅游为主的现代农业示范基地，形成太原南部乃至中西部地区最具竞争力的城乡一体化发展的示范区。

(3) 城东民营现代物流区。迎泽区东部和杏花岭区东南部。将整合区内土地资源，吸引物流企业向区内集中，培育一批现代物流龙头企业；围绕朝阳街服装市场的提档升级，提升东部商业中心的集散功能，把该区建设成为物流体系完善、城市功能完善，能辐射黄河中游经济区的重要物流集散中心和省城最大的现代物流功能区。

(4) 北部不锈钢生态工业区。将依托全球最大的不锈钢生产企业，聚集一批国内外一流的加工制造企业，建设高端产品研发制造为主体的生态工业园区。生态工业园区的周边地区将大力发展物流配送、商贸服务产业，改善生态环境，加快农村劳动力转移，形成城乡互动、以工补农的新格局。

(5) 古交新型煤化工及以工补农示范区。以煤气化搬迁和富士康开发镁业为契机，加快古交新型煤化工和冶炼业的发展。用以工补农的形式，促进土地流转，引进培育大型农业龙头企业，发展设施农业、高效农业，将古交建设成为全国一流的、以新型煤化工业带动的城乡统筹发展示范区。

(6) 清徐汾河高效观光农业区。以土地、资本、技术、人才的流动与集中为手段，大力培育新型市场主体，建设优质葡果、无公害蔬菜、珍贵苗木、畜牧养殖、食品加工、优质粮生产等各具特色的农产品生产加工基地；以职业技术教育为龙头，打造全省一流的高科技人才培养基地；以建设全省非物质文化遗产为主题公园、创意产业园、老醋坊等为重点构建多功能文化产业集群。

(7) 阳曲新型工业承接区。抓住太化、TDI、狮头水泥等大企业异地改造升级的机遇，建设以新型煤化工、装备制造、铝镁合金、新型建材工业为主的太原工业新区。

(8) 娄烦生态旅游经济区。加快绿色转型，建设中药材、有机绿色蔬菜、干鲜果品、特色养殖等农业产业化基地。开发山（云顶山）、水（汾河水库）、名人（高君宇）旅游资源，加快休闲度假、红色旅游业发展步伐。通过环城、校园、企业等十大绿化工程，巩固提高退耕还林还草成果，努力建设全省生态环保示范区。

2. 十大产业板块

(1) 煤化工产业板块。要在古交规划建设全国一流的循环经济示范基地和国际水平的新型煤化工基地，依托山西焦煤、华润等大型企业，加强研发，聚集人才，立足于石油替代，在煤炭产业深加工上下功夫，延伸产业链条，提高附加值，实现新型煤化工产业的大跨越、大发展。

(2) 煤机装备产业板块。充分利用我省煤机市场广阔的优势和煤机产业的良好基础，抓住太原市被列为国家装备制造（能源装备）产业示范基地的机遇，依托“太重煤机”等龙头企业，形成集采煤、掘进、输煤、井下基础配件为一体的煤机设备产业链，建设世界一流的煤机产业基地。

(3) 铁路装备产业板块。以智奇、晋机、太重和北车集团为主体，构建国内一流、有国际影响的铁路装备产业集群。

(4) 不锈钢深加工产业板块。依托太钢和不锈钢生态工业园区，大力发展不锈钢深加工产业集群，积极开发高档制成品，以 5 万吨无缝钢管和精密带钢等项目为重点，向年加工不锈钢 50 万～100 万吨能力的目标冲刺，使太原成为全球最具竞争力的不锈钢深加工基地。

(5) 镁铝合金产业板块。坚持把太原建成世界“镁都”的目标不动摇，以富士康科技工业园为龙头，加大镁铝合金高端产品的研发和生产力度，开发镁铝合金应用的新领域，为航天、航空、IT 产业、汽车等行业提供镁铝合金深加工的高附加值产品，不断提高镁铝加工的深度和档次。

(6) 物联网应用产业板块。在高新区筹备建设物联网应用产业园区，以罗克佳华为龙头，整合各方力量为物联网技术应用搭建平台，为企业的快速发展创建条件，引进一批具有较强实力和发展潜力的物联网企业，以及相关上下游配套企业，实现产业集聚、规模发展，把物联网产业做大做强，推动节能减排，形成影响和带动全省未来发展的新兴产业。

（7）静脉产业暨环保再利用产业板块。要大力发展以清洁技术、节能技术以及废旧物品的回收、安全处置与再利用等核心内容的环保再利用产业，加快山西新天地静脉产业园建设，加大项目引进力度，促进资源回收和再资源化利用，延伸环保产业链，做大做强环保产业。

（8）现代物流业板块。坚持建设黄河中游物流中心目标不动摇，加快整合现有工业、商业、运输、货运代理、仓储和配送等物流资源，培育一批大型现代物流企业，重点推进民营区现代物流示范区和经济区商贸港建设，加快建设太原公路主枢纽武宿货运中心、北部不锈钢制品物流交易中心以及东部、西部大型专业物流园区，形成社会化、专业化、规模化、集约化的现代物流体系。

（9）文化会展业板块。在建设特色文化名城中，大力发展文化创意产业，完善扶持文化产业的政策，进一步促进高新区文化创意产业联盟做大做强，创新文化产业发展的体制机制，吸引更多的文化创意机构和人才来太原发展。积极培育会展业，以及扶持综合实力强和专业水准高的会展企业，创造富有太原特色、知名度高的会展品牌。继续办好能源博览会、汽车展会、晋商文化周（新晋商大会），积极开发新的会展内容，加快文化休闲产业与会展业的快速融合发展。

（10）旅游、高效观光农业板块。顺应国内外旅游业追求自然生态、特色文化体验、提高生活品质的要求，在全面提升我市旅游国际化水平的同时，重点抓好崛围山城市森林公园、太山植物园等新项目，提升清徐汾河观光农业园区发展水平，把文化旅游与农家乐结合起来，促进都市农业与旅游、休闲业融合发展，打造国际化、特色化、规模化的旅游观光产业。

——http：//www.taiyuan.gov.vn

9.2.2　发展低碳经济

低碳经济自 2003 年英国提出来以后，迅速得到了世界各国的认可，目前，一场“低碳革命”正在悄悄兴起，从美国、德国、日本等西方发达国家，到巴西、印度等发展中国家，都推出了一系列发展低碳经济的举措。低碳经济是以低能耗、低污染、低排放为基本特征，其实质是能源高效利用、清洁能源开发利用、促进低碳产品的开发与利用、追求绿色 GDP、维持全球的生态平衡。发展低碳经济核心是能源技术和减排技术创新、产业结构和制度创新，以及人类生存发展观念的根本性转变。

发展低碳经济就要做到“尽可能零碳、保持低碳和走向活碳”。“尽可能零碳”，即零排放，虽然是不现实的，但作为人类的理念和目标却有积极、现实的意义；“保持低碳”，即意味着社会发展过程中不断降低碳的净排放量，对高碳单位实行碳税调节、指标减排、制度约束，同时保护森林，增加绿地面积，发挥森林的固碳作用；“走向活碳”，即把经济发展与生态保护等统一到可持续发展上，建立碳信用、发行碳股票、促进碳交易、推进碳贸易、实现碳致富。

谋划低碳产业的路线图。发展低碳经济对太原市来说意义重大，并且是一个重要机遇，低碳经济的发展将有力推动生态城市的建设，因此，要充分认识当前发展低碳经济的形势，积极行动，早日布局，找准发展方向，积极参与到低碳产业的变革中来，引导相关产业实现转型和发展，引导全社会形成低碳经济和低碳产业发展的氛围和意识。

尽快完善发展低碳经济的技术支撑体系。低碳能源是低碳经济的基本保证，清洁生产是低碳经济的关键环节，循环利用是低碳经济的有效方法，低碳经济的发展离不开技术的支持，离不开科技创新。因此要大力发展低碳技术，进一步创新低碳技术，快速取得突破。重点做好推进碳捕捉和碳封存技术、能效技术、替代技术、减量化技术、再利用技术、资源化技术、能源利用技术、生物技术、新材料技术、绿色消费技术、生态恢复技术等技术的创新。参阅专栏 9-3。

专栏 9-3　低碳经济

低碳经济，是指在可持续发展理念指导下，通过技术创新、制度创新、产业转型、新能源开发等多种手段，尽可能地减少煤炭石油等高碳能源消耗，减少温室气体排放，达到经济社会发展与生态环境保护双赢的一种经济发展形态。低碳经济是以低能耗、低污染、低排放为基础的经济模式，是人类社会继农业文明、工业文明之后的又一次重大进步。

低碳经济的特征是以减少温室气体排放为目标，构筑低能耗、低污染为基础的经济发展体系，包括低碳能源系统、低碳技术和低碳产业体系。低碳能源系统是指通过发展清洁能源，包括风能、太阳能、核能、地热能和生物质能等替代煤、石油等化石能源以减少二氧化碳排放；低碳技术包括清洁煤技术（IGCC）和二氧化碳捕捉及储存技术（CCS）等；低碳产业体系包括火电减排、新能源汽车、节能建筑、工业节能与减排、循环经济、资源回收、环保设备、节能材料等。

低碳经济有两个基本点：其一，它是包括生产、交换、分配、消费在内的社会再生产全过程的经济活动低碳化，把二氧化碳（CO_2）排放量尽可能减少到最低限度乃至零排放，获得最大的生态经济效益；其二，它是包括生产、交换、分配、消费在内的社会再生产全过程的能源消费生态化，形成低碳能源和无碳能源的国民经济体系，保证生态经济社会有机整体的清洁发展、绿色发展、可持续发展。

发展低碳经济，一方面是积极承担环境保护责任，完成国家节能降耗指标的要求；另一方面是调整经济结构，提高能源利用效益，发展新兴工业，建设生态文明。这是摈弃以往先污染后治理、先低端后高端、先粗放后集约的发展模式的现实途径，是实现经济发展与资源环境保护双赢的必然选择。

——以上资料由作者归纳整理。

9.2.3　生态科技助推

科技是生态城市建设的加速器。科技创新对生态城市建设具有基础和先导作用。因此，在生态城市建设中必须重视科技创新的基础作用，加大生态科技的创新力度，重点要做好以下几方面：

（1）加强生态城市建设中各类技术的基础研究，包括共性技术、关键技术和专门技术等，对重大技术项目要组织国家级科研院所等联合攻关，并尽快建立生态城市建设综合利用技术开发专项资金，以支持重大关键项目的研究。

（2）加快建立生态城市技术体系，包括循环经济技术、生态农业技术、生态工业技术、废弃物再利用技术、无害化处理技术、太阳能利用技术、无公害实用技术等，形成全面完整的生态城市技术体系。

（3）积极推进“产、学、研”合作创新体制的建立，通过加强技术创新系统中各行为主体间的合作与协同，加快科研成果的创新和转化应用，为生态城市建设提供技术支撑。

(4) 加快发展高新技术产业。重点做好按照产业集聚、规模发展和扩大国际合作的要求，加大关键技术攻关和共性技术研发力度，加快构建高新技术产业带、自主创新企业群和名优产品链，大幅度增加高新技术产业的比例；重点扶持具有基础优势的电子信息产业，培育发展信息设备、仪表制造和软件业，使之成为新兴产业规模化的龙头；大力发展现代医药产业，扶持一批规模大、科技含量高的生化药品项目，培植名优特新产品集群；进一步壮大高档钕铁硼、新型墙体材料等为主的新材料产业。

9.3 建设和谐的生态社会体系

城市生态社会是城市功能的最高层次，是建设生态城市的最终目标之一。建设文明的生态社会体系要在社会管理、人居环境、城市交通、社会保障、科学教育、生态安全等方面不断完善和提高，强调社会公平性的体现和社会组织作用的良好发挥，体现社会安全和活力水平。

9.3.1 尽快提升城市管理水平

(1) 强化管理，提升城市管理功能。生态城市建设要以市场机制拓展管理思路、整合管理资源，不断提高城市管理水平。按照责权统一，重心下移的原则，进一步明确城区在城市管理与建设中的主体地位，强化街道、社区在城市管理中的基础作用，运用先进的城市管理理念和工具，推动城市管理，当前要运用城市管理信息技术，建设数字太原。

(2) 健全政府社会公共管理和公共服务职能。建立全市公共安全应急管理体制和机制。加强生产安全、公共安全、卫生安全、动植物疫情灾害预防管理，提高政府应对突发公共事件和风险的能力，制订和修订市本级总体应急预案、重点专项预案和县（市、区）预案、重点企业预案，探索建立农村自然灾害、环境污染、公共卫生等突发公共事件应急机制。建立统一的公共安全应急综合管理机制（包括危机处理决策、管理与决策监督机制、资金保证和社会动员机制、危机预防机制、信息应急联动系统），妥善处理各类突发公共事件，维护正常社会秩序，保护国家、集体和个人利益不受侵犯。坚持以人为本的服务意识，制定强化政府公共服务职能的相关办法，充分运用间接管理、动态管理和事后监督管理等手段对社会事务实施管理。运用行政规划、行政指导、行政合议等方式履行社会管理和公共服务职能。参阅专栏 9-4。

专栏 9-4 全国第一个“数字城市”——太原

数字城市就是以计算机技术、多媒体技术和大规模存储技术为基础，以宽带网络为纽带，运用遥感、全球定位系统、地理信息系统、遥测、仿真—虚拟等技术，对城市进行多分辨率、多尺度、多时空和多种类的三维描述，即利用信息技术手段把城市的过去、现状和未来的全部内容在网络上进行数字化虚拟实现。

作为全国第一个被授予“数字城市”牌匾的城市，到 2012 年年底，“数字太原”成果应用将实现全社会覆盖。“十一五”期间，国家测绘局启动了数字城市建设工作，以数字城市建设为抓手，全面展开了数字中国建设。

2007 年 4 月，太原市被国家测绘局批准成为数字城市建设全国试点，同年 9 月，该工程正式启动。几年来，全市共投入 4000 多万元，“数字太原”共完善 1 个数据库、新建1 个平台，建成 3 套数据集，开发 5 个示范应用系统，具备了数据浏览查询、专题数据加载、查询统计与空间分析、二次开发、数据交换等功能，成为统一的、权威的、通用的全市基础地理信息平台。

2009 年 7 月 17 日，“数字太原地理信息公共平台”正式开通应用。其实，早在正式开通应用之前，太原市就在建设过程中，为金土工程、第二次土地调查等重大工程提供了高精度、高分辨率的地理信息数据，并开发了环境监测、基准地价、人防等 5 个示范应用系统。2010 年，太原市在完善环保监测、基准地价查询、药监信息服务、人防信息、数字城管、数字太原公共服务等系统的基础上，又开始着手建设：地质灾害预警、警用地理信息平台、数字太原物联网等系统。截至目前，太原市在已开发十几个领域 20 多个政府部门应用系统的基础上，又有 18 个部门提出了应用需求计划。会上，太原市政府相关负责人表示，预计到 2012 年年底，太原市将实现数字太原成果应用全社会覆盖。

(1) 环保监测系统。太原市环保监测系统，是在空间地理信息之上叠加环保专业信息而成，主要用于污染源在线监测、空气质量监测和烟尘视频远程监控。通过这一系统，全市布设9个监控点，进行太原市空气质量监测和空气污染指数发布，系统每6秒钟采集一次数据，据此生成分钟均值、小时均值、日均值，每天进行网上发布。此外，环保部门还在全市重点企业设置133个监测点，通过摄像头对重点污染源实施实时监控。通过15个视频监控点，从空中对大气污染和非法排污实行远程监控，从而实现对各类污染源的实时监测、动态管理和综合分析。

（2）基准地价查询系统。基准地价查询系统，具有局部放大或缩小、距离和面积测量、定位和属性查询等多种功能。系统中的住宅用地、工业用地、商业用地以及不同区域、不同用途的基准地价均用不同颜色标示，图文并茂，查询方便快捷。通过窗口，用户可以随时查询，轻松获取某块城市用地的宗地号、土地证号及土地所处的位置、基准地价以及其他相关信息，可以准确测量某地理区域的面积和空间距离信息，并可以进行统计分析。

（3）数字城管系统。该系统以1万平方米为一个基本单位，将太原市六城区、三县一市划分为多个网格单元，利用地理编码技术，将路牌、井盖、垃圾桶、城市雕塑等城市部件逐一编码，定位在“单元网格”中，然后将城市管理区域逐一细分，把园林、城管、环保、公安、消防、旅游、金融、卫生、工商等部门分管的区域进一步分清，整合了电子政务网、劳动保障网和12345便民服务热线，形成“大城管”格局和“一站化”业务模式，实现了城市信息资源最大化的应用，也提高了政府部门的工作效率。

（4）天眼工程系统。太原市公安机关依托“数字太原”公共平台，通过合理布设视频监控，直接破获刑事案件60余起，调处各类治安纠纷案件116起，发现治安隐患23起，寻找失踪人员等11次。

（5）地眼工程系统。通过“数字太原”地理公共平台建设的数字太原物联网，为自来水、煤气、天然气、供热供暖、供电等五大地下管网安装传感器，实现地下管网可视化、人性化管理。只要某一地点发生管线事故，系统就会发出警报，指挥人员就可以调用影像资料和三维资料，对事故周边各种市政设施、周边管线、住地单位等数据进行查询，迅速通知相关单位赶赴事故地点处理。避免了太原市重复挖路的现象，大大提高了工作效率。

（6）公众服务系统。该系统涵盖了与百姓生活密切相关的12大类、107小类信息，包括购物休闲、旅游出行、餐饮住宿、金融保险、房产楼盘等，总数近2万条，用户点击鼠标即可查询。系统中包含了127条公交线路、2100

多个公交站点的情况，甚至每条线路的行车路线、途经站点都准确标示在图上，还提供了公交换乘查询功能。此外，系统还以影像特征为底图、三维地形为骨架，叠加道路等地理要素，形象直观地表现了城市的地理空间和地形地貌景观。

——http：//www.taiyuan.gov.vn

9.3.2　加强城市基础设施建设

（1）构建科学、完善的交通体系。逐步构建航空、铁路、高速公路、二级公路等四个层次；机场、长途汽车站、火车站等三个交通对外点；十字铁路网、五射环城高速公路网、八横七纵主干公路网的三个交通网的城市交通格局；优先发展城市公共交通，加快城市内部公共交通优化与整治，加强公交基础设施建设，提高城市公共交通服务水平；加快建设主城区、太榆都市区、1小时都市圈三个层次的轨道交通建设；加快制定有效政策，加快停车场的配套建设，按照“放宽拥有，管好使用”的原则，适度合理地使用私家小轿车。参阅专栏 9-5、如图 9-1 所示。

专栏 9-5　优先发展城市公交

2009 年太原市委、市政府提出了“优先发展城市公交”的城市发展战略。其主要举措有：

（1）2009 年，市政府投资 1 亿元，购买了 333 辆新公交车。

（2）2010 年，省交通运输厅和市政府筹资 2 亿元，将购买 600 辆公交车、新建 5 个公交场站。

（3）将城市公交投入纳入了市财政预算，市政府每年从土地出让金中提取 5%，从城市维护建设税、基础设施配套费等政府性基金中提取 10%，专项用于公交换乘枢纽、场站建设、公交车辆更新购置、公交科技进步的投入。

（4）建设轨道交通，全市将建设 10 条轨道交通线，形成城市城际列车走廊。1 号、2 号轨道交通线将于 2011 年开工建设。

（5）2010 年 6 月 1 日，太原市公交以新票价实施运营。太原市公交票价降价方案的具体内容为：市内票价 1 元的41 条线路及 2 元以上的 23 条线路票价不变；1.5 元的 61 条线路票价降为 1 元；将原来的普通卡和成人月卡合并为成人卡，刷卡价为降价后票价的 5 折；将原学生月卡改为学生卡，刷卡价为降价后票价的 2.5 折。据统计，降价当天，日客流量增加 9.55%，办理公交 IC 卡人数增加 76.40%。方案实施半年后，统计显示：降价前，公交日均客运量约 89 万人次，降价后到目前，日均客运量约 125 万人次。

到 2012 年太原市公共交通将达到以下目标：

(1) 公共汽电车平均运送速度达到每小时 20 公里以上。发车正点率达到 90%以上，建成区任意两点间城市公交可达时间不超过 50 分钟。

(2) 公共汽电车交通覆盖率按车站服务半径 300 米计算，建成区大于 50%，中心城区大于 70%。

(3) 城市公交在城市交通总出行中的比重达到 30%以上。

(4) 平均每万人拥有的公共汽电车数应不少于 15 辆标准车。

(5) 公交车辆推广使用天然气等清洁燃料，新增车辆尾气排放达到国Ⅲ标准。

——http：//www. taiyuan. gov. vn

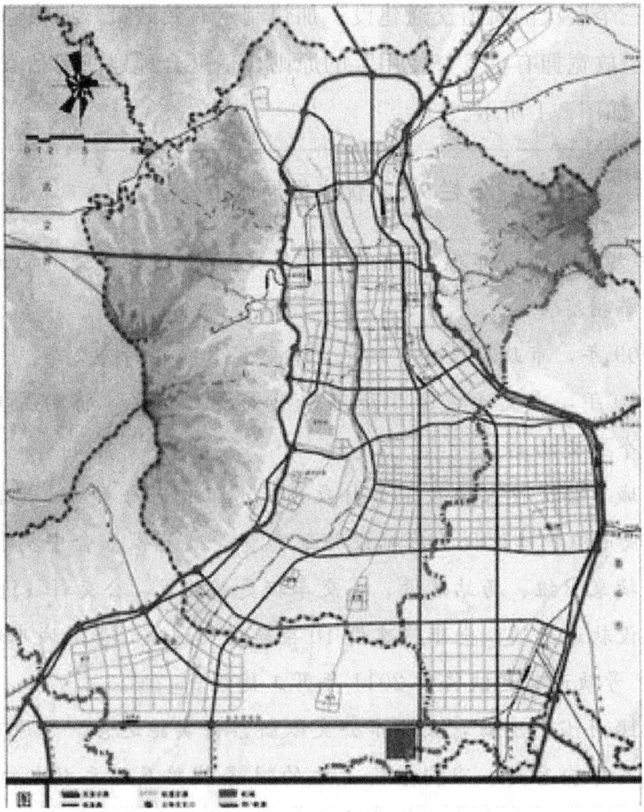

图 9-1 太原市交通规划

Fig. 9-1 The plan of transport in Taiyuan

(2) 建设三级城市公共服务中心体系。市级中心：老城、长风、武宿。市级副中心：北营、旅游服务/奥体中心。分区中心：迎新、下元、朝阳、晋阳湖、小店、小店南。

市级中心中，老城中心以柳巷、钟楼街、迎泽大街为核心。逐步弱化行政职能，形成与旅游、休闲相结合的辐射全省的商业中心。长风中心将位于主城南部，汾河以东，重点建设现代商业设施，通过建设市行政、文化中心和配套服务设施，带动河西地区发展。武宿中心，搬迁机场后在原址建设新城中心，培育金融、中介、会展、咨询等生产性服务职能。

(3) 进一步完善中心城区的商业金融设施体系。重点在鼓楼街、柳巷、钟楼街等街道组织步行商业街，优化购物环境，形成具有传统特色的综合性商业中心，在保持特色餐饮、娱乐设施的基础上，长风商业中心继续推动大型综合商厦、大型综合超市的建设，构筑城市南部的现代综合型商业中心。结合新城生产性服务中心建设，配套建设零售、餐饮、娱乐设施，形成服务新城的综合型商业中心。

9.3.3　加快体育、医疗、教育设施的建设

(1) 建设多层次的体育设施。市级体育中心包括省体育中心和奥体中心。省体育中心要整治周边环境，改善交通条件，形成集体育赛事、文化演出、大型展出为一体的多功能文化活动场所。奥体中心规划选址于小店镇区南侧沿河地区，建设一场三馆，是未来太原举办大型赛事的主要场馆；分区级体育中心布局在滨河体育中心、迎新、河西千峰南路、北中环路、长风地区、教育园区、小店镇区、新城中心、北营和五龙口；结合汾河两岸景观绿地，建设一批体育设施，包括沙滩排球场、门球场、网球场、健身路径、排球场、羽毛球场等。

(2) 重新规划医院布局，推动医院资源的均衡发展。在龙城大街、北营和新城地区新建 15 个医院，完善河西、城南、城北地区的医疗设施建设。保留现有的以省儿童医院、省眼科医院、省肿瘤医院、省心血管疾病医院、市妇幼保健院、市传染病医院、市精神病医院、市结核病医院（四院）为主框架的专科医院体系。迁建市传染病医院，在城市下风向安排选址。建设老年康复保健机构、心理卫生服务机构以及一批符合居民健康需求的特色专科医院，新办一批具有特色优势的中医类专科医院和中西医结合医院。市紧急医疗救援中心向

城市南部迁建，新增小店、柴村等急救分站。市疾控中心迁址新建，在小店新建疾控中心一座。构建以大中型医疗预防保健机构为中心、社区卫生服务中心为基础、社区卫生服务站为前哨的三级社区卫生服务网络。

(3) 在教育方面，加快推进义务教育学校和高中布局调整和学校建设，建设标准化学校，实现义务教育均衡发展。加快小店教育园区基础设施和配套设施建设，推动太原大学、太原旅游职业技术学院、太原卫校进入教育园区。山西大学、太原理工大学就地扩建，改善教育条件，结合中北信息产业园建设，适度扩建中北大学。参阅专栏 9-6、专栏 9-7。

专栏 9-6　太原校园安全工程模式将在全国多省区市推广

2008 年，太原市启动“百校兴学”工程以来，走出一条被国家教育部称为“太原模式”的路子。2010 年 5 月中旬，北方 11 省区市将在太原举行校园安全工程现场会，“太原模式”在全国多省区市推广。

“百校兴学”工程包括学校新改扩建工程、中小学校舍安全工程和“校校有标准操场”工程，决定连续 3 年每年新建和改扩建 100 所左右。

太原市共有中小学校 905 所，总建筑面积 398.7 万平方米。经排查鉴定，不达国家现行抗震标准的建筑面积约195 万平方米，涉及学校 700 所，建筑 1922 栋。其中，必须拆除重建的危房面积为 51 万平方米。而且，危房主要集中在底子薄弱、办学条件较差的原企业学校以及乡村学校。

为此，太原市编制出台中小学校园安全工程改造建设规划。根据规划，2008 年至 2010 年，太原市计划投资 45.86 亿元，规划建筑面积 257 万平方米，让每所学校都成为家长放心的安全校园。

太原市校园安全工程将消除校舍安全隐患与消除薄弱学校、扩大优质教育资源结合起来。在工程项目学校中，薄弱学校占总项目数的 78%（原企业学校占 14%），优质学校仅占 8%。其中，为了促进教育资源的区域均衡发展，县区学校占总项目数的 89%。除了提升薄弱学校办学水平，校园安全工程还注重扩大优质教育资源，让更多孩子享受到高质量的教育。位于城西的太原外国语学校，属于排名靠前的优质校，学区内生源数量多，学生“挤破脑袋”也不一定进得来。现在，该校除加固了原有的教学楼和实验楼外，还新添一栋教学楼，增加了 810 个座位。另外，2009 年，太原市投资 8.5 亿元，引进北师大实验中学等 4 所外地名校，在城区东、南、西、北 4 个方位布点，进一步扩大优质教育资源，缓解学生上好学校难的问题。

对太原教育事业的发展来说，校园安全工程投入 45.86 亿元，这是史无前例的。钱从哪里来？为此，太原市政府搭建了“建设项目融资平台”，按照“政府投入、市场融资、社会参与”的资金运作模式，政府投入资本金，从金融机构贷款。2008 年工程启动之初，市政府就从国家开发银行贷款 9.78 亿元，保证了建设资金的到位。此外，太原市政府还专门设立“建设工程手续办理平台”，成立工程领导小组，由常务副市长李俊明牵头，发改委、建设、教育、财政等 18 个部门通力配合，开通工程审批手续的“绿色通道”。

校舍安全工程实施以来，太原市教育事业呈现出“安全校舍增加，危旧校舍减少”“优质学校增加，薄弱学校减少”“学校容量增加，班级容量减少”“学校规模增加，学校数量减少”的“四加四减”均衡发展局面。

——http：//news. sohu. com/20100511/n272045938. shtml

专栏 9-7　社会公益事业“六大项目”简介

山西省科技馆、山西省图书馆、山西大剧院、中国太原煤炭交易中心、山西体育中心，山西大医院，是山西省“十一五”期间由省政府投资建设的六个重点公益型工程。自 2008 年陆续开工建设以来，六大工程经过各参建单位的通力协作、科学组织、精心施工，现主体工程全部完成，已进入工程内装阶段，预计 2011 年全部投入使用。

(1) 山西省图书馆。位于太原市长风商务区的山西省图书馆，占地面积 60 亩，总建筑面积 5 万平方米，投资 3.5 亿元。建成后总藏书量可达 700 万册，阅览室可同时容纳 3000 人，设各种阅览室 15 个及藏书库、多功能厅，400 座报告厅，配套辅助用房。

(2) 山西体育中心。位于山西省太原市长风文化商务区南侧，西临晋阳湖，东依汾河。占地 1238 亩，总投资为 16 亿元，体育中心包括一场四馆，体育场、体育馆、游泳馆、自行车馆及综合训练馆，即：6 万座的主体育场、8000 座的主体育馆、3000 座的游泳跳水馆、1500 座的自行车馆和综合训练馆等。建成后，山西省体育中心将成为承办全国综合性体育赛事或国际单项体育赛事的场所，成为运动队集训基地，成为体育爱好者的乐园、全民健身的中心，将举行文艺会演、大型会展等文化、经济活动，丰富市民的文化生活，进一步提升太原的城市品位。

(3) 中国（太原）煤炭交易中心。位于太原市长风商务区，占地660亩，建筑面积19万平方米，总投资10亿元，建成后具有煤炭交易中心、会议中心与展览中心等三大功能。共设有2100个展位，并能提供1500个停车位。建筑内设展厅、展览接待大厅、仓储、海关保税库、煤炭交易大厅、商务办公、44个大小会议室、25个商务洽谈间，2000座大型会议室、1200座多功能厅（兼宴会）、800座中型会议室、3个多媒体技术会议厅、2个新闻发布中心、公寓式商务写字楼等主要功能用房，以及其他辅助设施用房。

(4) 山西大医院。山西大医院位于太原市龙城大街区域，净用地355亩，总投资10亿元，设计床位2000张。初步确定山西大医院将开设专业科室41个，其中外科12个，内科14个，医技科室13个，还有急诊科以及ICU。建成后是一所集医疗、教学、科研、防保、急救、康复功能于一体，并在设施、设备、管理、服务、人才、技术等方面跨入全国先进行列的现代化大医院，以满足人民医疗服务需求。2010年10月1日，山西大医院正式运行。

(5) 山西大剧院。山西大剧院占地80亩，总建筑面积7.3万平方米，工程总投资7.9亿元，位于长风商务区文化岛中央、东西向主轴线上，内设1600座主剧场一座、1200座音乐厅、550座小剧场一座、公共大厅、化妆间、排练厅及相应的配套设施用房。大剧院建成后，将成为进行国际国内文化艺术交流、传承三晋优秀传统文化的平台，成为体现我省经济、社会、文化建设成就的重要标志性建筑。

(6) 山西省科技馆。位于太原市长风商务区，占地70亩，总建筑面积2.8万平方米，投资2亿元，建成后设常设展厅、临时展厅、天象厅（环球影院）、动感影院、培训教室、实验室、科普报告厅、青少年科技活动中心及其他辅助设施。建成后将担负起加快全省科学普及、推进我省经济社会跨越式发展的重大使命。

——http：//www.sxrb.com.cn/

9.3.4 加快城中村改造

随着太原市城市建设的加快，原来城市周围的60余个农村已完全被城市包围，形成的“城中村”分布于太原市6个城区中。由于城乡差别的存在，严重阻碍了城市的进一步发展，加快城中村改造已是太原市生态城市建设的当务之急。太原市城中村的改造要采用“重点先行、以点带面、全面展开”的模式逐步推行，按照近期建设重要功能片区及周边城中村、园区内的城中村、影响城市空间整体结构的城中村、重要景区及节点周边的城中村等情况，将城中村建设成形态、人居环境一流的现代化文明社区，城市新亮点。近期重点改造的城中村见表 9-1。

表 9-1　近期尽快实施的城中村改造计划

Tab. 9-1　The plan of reconstruction of the village recently

名　称	位　置	范　围	用地面积（公顷）	建设目标
新村、赵庄片区	尖草坪区中南部	北起金桥街、南至翠馨苑南侧，东起太钢西界线、西至滨河东路	396.38	交通便捷、生活舒适、环境优美的居住服务区
南畔、南黑窑片区	经济区中部	北起庆云街、南至开元街，东起大昌路、西至唐明路	72.67	东、西居住组团
北张村片区	小店中部	北起许坦西街、南至针织街，东起坞城路及其南侧经管西巷 20 米规划道路、西到体育路	248	居住、商业及科研教育为一体的生活区
东太堡片区	小店区东部	北起狄村东街、南至坞城东街，西起双塔南路、东到太行路南亚	230.74	集商务、金融、办公、服务、教育等第三产业为一体的新型社区
大东流、小东流、西流片区	尖草坪区南部	北起北排洪沟南岸、南至兴华街，东起西渠路、西到和平北路	192.5	配套设施齐全、交通便捷的西北生活区
沙沟、新庄片区	万柏林南部	北起九院沙河北辅道、南至义井街和义井西里，西起义井西路、东至千峰南路	231	以千峰南路为商业轴分布四个生活街区
义井片区	万柏林南部	北起和平南路西巷和大井峪街、南至西峪街，东起和平南路、西到西南环线铁路西侧的规划道路	277.14	高层住宅区
杨家堡片区	小店区北部	北起北园街（平阳路西二巷）、南至学府街，西起滨河东路、东至平阳路	166.13	围绕长风大街、平阳路形成“十”字形的商业发展线和生活区

续　表

名　称	位　置	范　围	用地面积（公顷）	建设目标
大王村、小王村、后王村片区	万柏林南部	北起虎峪河北辅路、南至九院沙河北辅路，东起滨河西路、旧晋祠路、西至千峰南路及和平南路	392	三个居住小区
南城角、小站片区	万柏林西部	北起南城角村现状北村界、南至宾馆路，东起新晋祠路、西至西环高速公路	276.4	生活居住小区

9.4　建设健康的生态环境体系

生态环境是生态城市的基础，环境优美健康是生态城市特征之一，资源供应与调剂能力强、自然环境良好、居住环境优美，空气新鲜、污水垃圾及时处理等是生态城市的具体环境表现。构建优美的生态环境体系是建设生态城市的必备条件，太原市生态建设的生态环境体系建设要从以下几个方面展开：

9.4.1　推进太原市城市空间结构生态调控

城市空间结构是城市功能的空间组合格局，是保证城市可持续发展的坚实基础，推进城市空间格局的生态化是生态城市建设的重要内容。

1. 太原空间形态调控模式的选择

随着城市的发展，城市中心区域的不断扩大，原先的近郊现已成为城市的中心，太原城市发展一直走的是“摊大饼”模式，各种城市病逐步出现，并且越来越严重。当前太原市市区由原来的几十平方公里，扩大到近二百平方公里，城市框架已经拉开，城市规模的迅速扩张也势在必行，如果仍然走“摊大饼”模式，“城市病”将会更加严重。因此，借鉴国内外城市发展的经验与教训，太原城市空间布局宜采用“组团式发展，土地集约使用”模式。

规模化组团发展。组团之间要有良好的联系，组团结构和城市产业布局相结合，与城市主干道路布局相契合。实践证明，规模化组团发展在用地使用、经济发展、城市功能等方面效率远比分散化城市建设要高。因此，太原市在城市建设中，不能再走“先分散，再集中”的老路，应当以组团的规模化发展模式推进城市的建设。

加强土地集约利用。太原市是山西省政治、经济、文化中心，近年来发展相当快，人口增加很快，土地资源非常紧张，因此，太原市在城市发展过程中必须加强土地集约利用。太原市的组团发展要相对集中，有机疏散，防止新一轮开发用地的无序蔓延。城市空间规模拓展与中心城区人口、产业有机疏散要并行考虑，“重点推进组团”要与“调整优化组团”并行考虑。预留并切实保护好组团之间的生态廊道与开敞空间，维护好城市生态环境系统的良好发展。

2. 太原市城市空间的总体形态构建

目前，太原市城市空间面临土地过度开发与挖潜不足并存，资源利用不合理，中心城区高强度开发与名城保护矛盾日益突出；受经济增长方式影响，城市原本齐全的山水要素遭受严重破坏，城市与自然山水呼应不足；高新、民营等新兴园区产业拓展空间有限，经济区向外扩张受到教育园区等诸多因素影响。因此，太原市城市空间发展要坚持立足长远，构筑太原都市区结构；南拓为主，多维营建区域协调格局；生态优先，打造山水城共融新形态；集约有序，营造科学利用资源范式；塑造特色，打造历史文化特色名城五大原则。太原市城市空间结构规划图如图 9-2 所示。

图 9-2　太原市城市空间结构规划图

Fig. 9-2　The plans of urban spatial structure

(1) 通过疏解老城、提升外围、建设新城、保护晋阳文化区、北部水源地等多种手段，太原市城市空间结构将是“双城、双区、四廊、六轴、五生态区”。

“双城”：主城和新城。主城：范围东、西山之间，汾河两岸，北至二电厂，南至晋阳湖，为太原市的本体。主要功能：生活居住、公共服务、商业金融、旅游服务、科技教育等，重点推动老城职能疏解，优化城北、河西地区人居环境，引导城南地区有序开发；新城：范围汾河东岸，北起南外环，南至榆次老城至晋祠的快速路，东至市区行政区界。主要功能：高新技术产业、工业园区、教育服务、物流服务，重点规划建设太原浦东新区、经济区、教育园区，加强区域性生产服务职能的培育。

“双区”：晋阳生态文化区和北部生态屏障区。晋阳生态文化区位于汾河西岸，北至南中环街，南至晋祠。利用晋阳古城、晋祠、天龙山、晋阳湖等自然和人文资源，构建生态、文化、旅游为一体的地区；北部生态屏障区包括柴村以北的水源保护地、二电厂以北的生态恢复地区，重点规划建设崛围山—柳林河风景区和牛驼寨—黄寨风景区，以生态保护为主，适度发展旅游。

“四廊”：为汾河生态走廊、太钢南生态走廊、龙城大街南生态走廊、新城南生态走廊等四条生态廊道。

“六轴”：以城市现状空间结构为基础，结合城市空间拓展方向和模式，构筑“三横三纵”的城市轴线网络。三条南北向纵轴为城市拓展轴，分布于汾河两岸，联系主城和新城，并向外延伸至清徐、阳曲等都市区外围组团，引导老城服务职能的疏解和产业职能外迁，推动新城和外围组团的建设。三条东西向横轴为城市联系轴，旨在优化汾河两岸联系，加强城区内部整合，组织各级城市中心，塑造有序城市景观，实现城市内部协调发展。

“五生态区”：西北部的山地汾河水库，用于水源涵养和水源保护；西部的山地水源，用于水源涵养和生态恢复；北部的山地水源，主要功能为水源涵养和水土保持；中部的平原，用于环境污染治理；中南部的平原农业区，主要功能为环境污染防治和农业发展。

(2) 构建“一纵、两横、两心”的太原市总体生态绿地格局。

“一纵”：就是要结合森林公园和晋阳湖，建设东西向宽约 300～500 米的生态绿带。

“两横”：就是南北向汾河两岸绿带建设，两岸绿化带各 50 米。

“两心”：就是以森林公园和晋阳湖为城市绿化系统的南、北绿心和生态源。

（3）以东、北、西三面环山为太原市的生态屏障，既是外来生态风险的屏蔽处，也是太原市生态风险的稀释地。以汾河为生态主脉，各支流为生态支脉，使城市因水动而活起来。同时需要建设完善的污水收集和处理体系，净化水面，使太原市的水网真正起到带动生机的生态积极作用。

3. 具体工作

构建太原市优美的生态环境体系，除做好城市空间及发展规划外，还需要加强水环境保护，加大城市绿化力度，加大绿地面积，建设城市景观，做好生态区的保护等方面工作：

（1）加快城市园林建设。随着城市的南移，在未来的太原城中，再建和平公园、晋阳湖公园、龙泉寺公园、新城商务中心公园和晋阳文化主题公园等五个新公园，与迎泽公园、双塔公园、森林公园、汾河公园、龙潭公园等五个老公园交相辉映，为龙城增色添彩。太原市新建公园见表 9-2。

表 9-2 太原市新建公园简介

Tab. 9-2 Introduction of new park in Taiyuan

名 称	位 置	主 题	类 型
和平公园	太原市南内环街与和平南路的交叉处	和平	市级综合型公园
晋阳湖公园	太原市西南部	水上游乐	市级综合型公园
龙泉寺公园	太原市西南部神堂沟	生态	市级综合型公园
新城公园	南部新城的金融商务中心	商务中心	市级综合型公园
晋阳文化公园	南部新城奥体中心、旅游服务中心之间	晋阳文化	市级综合型公园

（2）在六城区中新建 20 个方便群众，贴近生活的小游园。这些小游园、公园建设分别是迎泽区（4 个）的五龙口街南游园、郝庄游园、郝家沟游园、东岗南路游园；小店区(5 个)的人民公园、王村缓洪池游园、北张游园、圆照寺游园、通达街游园；万柏林区（2 个）的千峰南路小王村游园和千峰南路桥头街游园；杏花岭区（4 个）的五龙口街北游园、关帝庙游园、北河湾游园、北沙河游园；尖草坪区（3 个）的新村赵庄片区游园、新城游园、柴村文体中心游园；晋源区（1 个）的南堰游园；民营区（1 个）的五龙花园。

（3）建设“一线三带”的城市景观。

“一线”——城市景观轴线。为了让太原市的景观有序建设，在城市建设中将形成几条景观轴线，成为城市风貌的主要骨架。主要有：滨河东西路、五一路—并州路—坞城路—大运路、双塔南路、迎泽大街、南中环街等，在保持道路畅通的同时，对路两侧的景观进行重点建设。

“三带”之一——道路景观带。在太原市未来的建设中，城市交通首先在保持畅通视线、流畅交通、平缓转弯的同时，将营造连绵的绿化带。在一般的生活性街道则尽量以人的舒适性为主，路面铺砌、绿化配置等要力求做到宜人。

“三带”之二——滨水景观带。滨水地带是城市景观风貌设计的重点，对现有汾河水系进行疏浚整治，建设滨水绿化景观带，构筑太原“蓝脉绿网”的城市景观。滨水景观带的设计强化亲水性，结合水系整治和水域保护，建设方便市民接近的水上公园和滨水绿化步行道。严格控制滨水建筑开发和改造，保护和修复沿岸生态环境，建设兼具连续性、共享性、开放性和景观性的滨水绿色景观带。

“三带”之三——环城生态景观带。近年来，太原市致力于总面积达两万公顷的环城林带建设，这是城市大环境景观系统良好而重要的外围生态景观屏障建设，为环城生态景观带打下良好基础。

（4）加强水环境建设。一是加强饮用水源保护，在饮用水水源地以取水口为中心，半径500m范围划为一级保护区，取水口上游2000m，下游1000m范围划为二级保护区；水源保护区内严禁人工养殖、捕捞；严禁游泳和从事一切可能污染水体的活动；严禁建设有污染源的项目和排污口，现有的一律搬迁；不得投放饵料养鱼等从事污染水体的活动；禁止破坏沿岸植被，严禁非更新性破坏水源林、沿岸防护林的行为；禁止向水体倾倒生活垃圾、工业固体废弃物及废弃油料等对水体造成污染的物质；水源地保护区沿线的陆源污染全部截流，进污水管网送污水处理厂处理后排放。二是加强饮用水源流域管理，加强沿岸改造及堤岸两侧的生态建设，加强护岸林、水源涵养林建设，提高植被覆盖度；加强生态农业建设，减少面源污染；加强水上交通管制；三是加强饮用水源区水质监测与管理。

（5）做好重要生态保护区保护。太原市域范围内重要的生态保护区域有：汾河上游自然保护区、天龙山自然保护区、凌井沟自然保护区、云顶山自然保护区等4个省级自然保护区；晋祠—天龙山省级风景名胜区；天龙山国家森林公园、乌金山国家森林公园和太原市森林公园。严格控制区内各类建设活动，保护和恢复生态系统服务功能。

9.4.2　加快实施煤矿采区的生态恢复工程

煤炭开采生态环境恢复治理的内容主要包括地表沉陷治理、煤矸石治理、水资源保护、土地复垦、水土保持、矿区造林绿化、植被恢复、生物多样性保护、煤场和集运站除尘、污水处理和中水回用、矿区居民环境条件改善、生态环境监管能力建设等。主要措施如下：

（1）建立煤炭开采综合补偿机制，通过制定生态环境恢复治理规划，完善生态环境评价及监管制度，加强对矿区周边的环境治理和植被恢复。

（2）积极探索生态环境恢复补偿机制，建立健全煤炭开采生态补偿机制，构筑煤炭开发的“事前防范、过程控制、事后处置”三大生态环境保护防线，做到“渐还旧账，不欠新账”，争取用 10 年左右时间使全市矿区生态环境明显好转。

（3）各市县区积极组织实施本区域煤炭开采生态环境恢复治理规划和煤炭开采企业生态环境恢复治理工作。

（4）强化事前防范和过程控制，构建煤炭开采环境污染与生态破坏防治机制。严格执行《中华人民共和国环境影响评价法》，强化全省煤炭开发规划和建设项目环境影响评价工作，具体制定煤炭开发环境影响评价的内容、标准和规范。从区域生态环境安全角度出发，合理确定全省煤炭生产规模、布局、开采时段，划定禁采、限采区。要严格禁止有可能诱发严重生态衰退和环境灾难的采矿活动，建立起长期有效的防范和规避机制。

（5）强化煤炭开发过程控制，实行矿区生态质量季报制度和煤炭企业生态环境保护年度审核制度。建立环境监理制度，加强对煤炭开采活动的环境监理，预防和减少环境污染与生态破坏。新建和已投产各类煤炭生产企业必须提交规范的环境影响报告书，作为发放生产许可证的条件。新建和已投产各类煤炭生产企业必须按照环境影响评价批复要求，制定矿山生态环境保护与综合治理方案，并经环保部门审批后实施。煤矿生态建设、环境保护工程要与生产设施同时设计、同时施工、同时投产使用。

（6）强化矿区生态环保能力建设，完善煤炭开采生态环境恢复治理保障体系。加强煤矿开采生态环境监测监理能力建设。加强矿区生态环境遥感监测与科学研究，重视生态环境恢复治理项目可行性研究、投资及工程实施效果的技术审核与评估。建设以遥感和地面观测站相结合，野外核查与室内纠正相补充的矿区生态环境综合监测体系。将生态监测和生态质量评价纳入环保等有关部门的日常监管工作中，全面及时掌握煤炭开采生态环境质量现状及动态变化情况。参阅专栏 9-8。

专栏 9-8　一座山带动一座城

西山地区整治范围北起尖草坪区崛山，南至晋源区天龙山路，东起和平路及晋祠路，西至西环高速及西山地区，总用地 120 多平方公里。西山地区是全省重要的工业积聚地，也是“一五”期间国家投资建设项目最为集中的地区之一。西山地区主要企业 180 余家，分属于煤炭、电力、化工、焦化、建材、机械等行业，工业总产值占全市四分之一以上，在全市经济社会发展整体格局中占有重要地位。

由于历史和现实的原因，西山地区城市基础设施建设滞后，城市管理水平较低，生态问题突出，区域内生活环境和生活质量落后于城市中心区。提升西山地区的环境质量和产业水平，就成了全市实现科学发展、和谐发展的重要标志。

西山地区综合整治是全省继汾河流域生态环境治理修复与保护工程之后的又一大工程。省里提出“一手抓山，一手抓河”“抓一条线，抓一个片”，“山”就是西山，“一片”就是西山地区。把西山打造成一个靓丽的新区，对提升全市乃至全省的形象和品位，促进和谐发展具有重大意义。

西山地区为国家经济建设作出了突出贡献，也为改革开放付出了巨大成本。从历史上来讲，西山地区自古就是太原的“绿色屏障”“绿色走廊”，是一块风水宝地，集中体现了风生水起的城市“气脉”。可以说西山不“活”，太原不“活”。由于长期以来城市布局、产业布局、企业布局混乱，高污染、高耗能企业集中，造成西山地区城市功能得不到有效发挥，发展资源得不到合理配置，生态破坏严重，发展滞后，“气脉”衰减。西山地区的问题能不能得到根本性解决，已经成为制约太原市经济和社会实现跨越式发展的瓶颈。就是在这样的背景下，市委、市政府作出了西山地区综合整治的重大战略部署。

西山地区综合整治关键在环境整治，核心在产业发展，重点在人文提升。也就是按照经营城市资产、运作城市资源的理念，通过调整城市布局、产业布局、企业布局，调出城市的品位，调出发展的后劲，调出旺盛的“气脉”。

紧紧围绕“打造绿色西山、活力西山、和谐西山、人文西山”的目标，按照关停淘汰一批企业、搬迁提升一批企业、治理改造一批企业，做强做大一批企业的思路，力争用 3～5 年时间，整体退出水泥、焦化、化工、煤炭等高污染行业，重点发展机械制造、物流、文化创意等新产业；实施生态环境综合治理，加大基础设施建设力度，力争“一年启动、三年变样、五年初步达到目标”，把西山地区建设成为生态环保、绿色宜居、人地和谐、山川秀美的新区域。

——http：//www.sxrb.com.cn/

9.4.3 加快实施汾河流域生态环境治理修复与保护工程

汾河是山西的母亲河，干流全长 716 公里，流域控制面积 39471 平方公里，涉及 6 个地级市，40 个县（市、区），约占全省面积的 1/4，居住 1315 万人口。其中，在太原市内 188 公里，自北向南穿城而过。汾河流域是太原市的重要生态功能区、人口密集区，是全市经济和社会发展的核心区域。

近年来，由于经济社会的不断发展对水资源的不断扩大，废水排放量大增、煤矿开采过度等原因，造成汾河中游干流河道断流、水位急剧下降、地表水严重污染、水土严重流失，植被覆盖率低，汾河流域生态环境遭到严重破坏：生态环境陷入恶性循环，严重影响着太原市生态城市建设。

治理汾河已刻不容缓，汾河流域治理与保护，要坚持修复与保护、疏浚与治污并重、当前与长远兼顾原则，突出重点，依法治理，确保汾河干流 188 公里河道常年至少保持最低生态流量及部分农业灌溉用水，恢复汾河自然流水；河道复流入渗，逐年补给兰村、晋祠泉域地下水，确保地下水位止降复升；修复河道自然形态，提高河道行洪能力，改善沿河生态环境，促使适宜浅水生物生存的湿地基本得到修复和改善；力争通过城区主干道径流量达到 5 立方米/秒，实现流域内经济社会协调发展、人与自然和谐相处。

（1）加快制定汾河流域生态功能区规划和扶持政策。在《山西省生态功能区划》的基础上，根据太原汾河流域水资源和环境承载能力、生态植被状况等，进一步细化我市汾河流域生态功能分区及产业结构布局，推进矿区生态修复，实现煤炭开采绿色节水转型；对化工、电力、冶金、煤焦、造纸等领域落后生产工艺和设施实行升级改造，遏制其对流域水环境污染。在《山西省节水规划》的基础上，编制太原汾河流域全社会节水规划，制定节水政策，鼓励发展现代农业、绿色产业、节水型工业项目，减少水资源浪费，提高水使用效益；采取政府贴息补助等方式，鼓励和吸引社会资金投入城镇污水处理等基础设施和生态环境建设领域；加快林权制度改革，鼓励社会资金参与植树造林和荒山荒坡绿化工程建设。汾河流域各县（市、区）要制定完善相应的区域规划及政策措施。

（2）加快污染企业关停搬迁。彻底取缔太原汾河流域3公里范围内污染水体的污染企业和污染项工艺落后的企业及工艺设备实施关停淘汰；对位于城市规划区、居民集中区的高能耗、高污染企业实施易地搬迁升级改造；对虽经合法审批但影响汾河水质的企业，实施关停搬迁；坚决关闭山西新北方安峰煤业、太原煤炭气化（集团）清河三煤矿、古交市梭峪乡会立第二煤矿、古交风坪岭煤矿、古交市黄达煤业等5个禁采区的煤矿。

（3）加快建设太原市城镇生活污水处理工程。建设娄烦县污水处理厂8千吨/日升级改造回用工程、城南20万吨/日污水处理厂、晋源区10万吨/日污水处理厂，河西北中部16万吨/日污水处理厂、杨家堡污水厂16万吨/日升级改造等，彻底改变目前近50％城市生活污水直排汾河的现象。

（4）加快汾河河道的整治疏浚。从兰村至清徐韩武汾河河道全长约73公里，除太原汾河治理美化段16.5公里（从森林公园西门至南延3＃橡胶坝）外，其余56.5公里河道主槽要尽快加以清淤疏浚，并且要达到疏浚宽度80～120米。

（5）加快汾河湿地建设，在继续建设汾河上游、天龙山、凌井沟、晋阳湖等4个湿地保护区外，加快汾河人工湿地建设，从火炬桥下游500米处南延3#橡胶坝开始至刘家堡桥下游1.5公里处，共修建18座浅坝，在横向将水面扩宽至60～80米，在南环高速桥上下游各2公里，刘家堡桥、小店桥上下游各1.5公里范围内将水面扩宽至180～250米，形成水面面积约230万平方米，湿地面积370万平方米。并对3座桥上下游各500米防洪堤内外侧种植低矮灌木进行绿化。

（6）完善太原市城市水系循环。太原市城区水系位于市中心西部，北起森林公园，南至迎泽湖，纵贯尖草坪、杏花岭、迎泽区。从东干渠引汾河水至森林公园，经城西水系至迎泽公园，在迎泽公园南侧修建提水泵站，提水至南沙河流入汾河，形成循环水系。

（7）重点围绕汾河主要一级支流绿化，西川河、南川河、涧河、细米河、天池河、屯兰河、狮子河、干河、潇河、风峪河、白石河等主要支流源头及两侧营造水源涵养林和水土保持林，太原汾河流域主要一级支流两岸各 50 米植护岸林带。

(8) 加强太原汾河流域林地管护和植被建设，太原汾河上游区（娄烦县、古交市、阳曲县、尖草坪区、万柏林区）退化草地修复治理项目、汾河（太原段）下游区（清徐县、小店区、晋源区、杏花岭区、迎泽区）基本草场建设，巩固植被修复成果，封禁保护林地 20 万亩，营造水土保持林 20 万亩，使汾河流域植被环境基本得到恢复。

9.5　建设创新的生态文化体系

生态文化培育从核心层面，强调生态文化是促进人与自然和谐发展，巩固社会可持续发展的牢固基础，生态文化是生态城市建设的灵魂（王如松，徐洪喜，2005）。

"城市是有灵魂和记忆的生命体，绝不仅仅是钢筋水泥的建筑载体和工业加工、商业贸易的聚集。"不管是老巷老街还是文物古迹，不管是传统技能还是社会习俗，这些物质的，或非物质的文化形态，都是城市的生命和灵魂。保护历史文化，就是在保留城市的灵魂。

9.5.1　构建节约型的消费模式

生态消费是一种适度消费，既能充分保证一定的生活质量，同时又经过理性选择，并且由一定的物质生产和生态生产相适应的消费规模与消费水平所决定；生态消费是一种可持续性的消费模式，即它具有满足不同代际间人的消费需求的要求与功能，也就是说，这种消费模式将人的今天的需求和明天的需求、现代人的需求和未来人的需求有机地统一在了一起，具有一种跨时空的品质；生态消费又是一种全面消费，即生态消费是一种包含人的多方面消费行为的消费模式，或者说这种消费模式能满足人的多方面的需求，如物质需求、精神需求、政治需求、生态需求等。生态消费是当代人类应该选择也必须选择的消费模式，唯有这种消费模式，生态城市建设才能协调可持续发展。

生态城市的建设要求我们必须积极推行生态消费模式，主要采取以下措施：

（1）加强生态消费教育，提高公众节约消费意识。生态消费观念的普及和消费模式的建立，必须提高人们对于节约消费的认识。通过消费教育，把生态消费的理念植入每一个居民的观念中，才能从根本上促进消费行为的转变。通过学校的教育引导，使节约型消费内化为青少年普遍的消费观念；利用广播、电视、报刊、网络和其他媒体，开辟专栏，介绍生态消费知识，设置一些趣味性的竞赛栏目，将百姓生活中的节约小知识和常识搬上屏幕，最大范围的宣传节约的观念和知识；对社会生活中不良的消费方式、行为予以批评曝光。只有人们正确认识到人与自然的和谐关系，认识到资源和环境的重要性，树立为消费支付环境成本的意识，才会自觉地建立生态消费模式（郑红娥，2006）。

（2）制定相关法律法规是建立生态消费模式的保障。在完善消费者权益保护法的过程中，注重建立和推广可持续消费模式；在税收征收管理法中，增加不可持续消费税的征收规定，制定可持续消费的税收减免制度。同时，还可以制定可持续消费指标体系，确定和颁布具有约束力的可持续消费标准和指标。其次应完善政府采购法。关于政府绿色采购，政府采购法中已有原则性规定。应进一步制定符合我国国情的政府绿色采购实施办法，为政府绿色采购提供依据、准则和保障（曾一昕，2007）。

（3）大力倡导绿色消费。绿色消费作为一种全新的生活方式，正逐渐成为一种人们追求的流行时尚。绿色消费有三层含义：一是消费未被污染的或者有助于公众健康的绿色产品；二是注重对消费废物的处置，不造成环境污染；三是转变消费观念，注重节约资源和能源，保护环境，改变环境不友好的消费方式。在全社会实施绿色消费，用适度消费的道德观取代无节制耗费、过度消费的消费观；提倡节约之风，并尽可能地使用可再生资源，以制止对资源的过度开发和浪费。同时，作为社会中的个人，我们决不能只考虑自己需要的满足，而应该努力做一个全面发展的人，树立起既利用资源也保护资源、既维护自己的尊严也尊重别人的尊严、既维护人的尊严也尊重自然尊严的新型道德观，并据此来调整我们的生活方式。参阅专栏 9-9。

专栏 9-9　绿色消费调查报告

伴随着我国经济的持续高速增长，能源危机、环境恶化、生态失衡等一系列问题日益困扰着人类的发展。在此背景下，以环保为主旨的绿色产品应运而生。为了解广大消费者对绿色产品的接受程度、挖掘绿色消费品的市场潜力，中国社会调查事务所近日在北京、上海、天津、广州、武汉、南京、重庆、青岛、长沙、南宁等城市开展了一项有关绿色消费观念及消费行为的专题调查，共收到有效样本1863个。调查结果表明，绿色消费品以其健康、节能、无污染等特点逐渐受到了人们的青睐，日益走进百姓生活。

调查显示，86.7%的人认为治理环境污染问题事关重大且迫在眉睫；71.3%的人认为发展环保产业、开发绿色产品对改善环境状况大有裨益

调查还显示，53.8%的人表示乐意消费绿色产品；37.9%的人表示已经购买过诸如绿色食品、绿色服装、绿色建材、绿色家电等在内的绿色产品；18.5%的人认为国内绿色产品的质量和技术水平还比较低，与西方发达国家之间存在着不小的差距；15.2%的人认为目前绿色产品的品种还不够丰富，尚不能满足环境保护的需要和人民生活消费的需求。

调查表明，38.7%的人表示愿意消费绿色食品，这一比例大大低于西方发达国家。根据有关资料，有67%的荷兰人、77%的美国人和80%的德国人愿意消费绿色食品，购买过绿色食品的人则几乎达到100%；17.3%的人反映绿色食品的假冒伪劣问题比较严重。

调查表明，有23.1%的消费者对绿色家电表示关注，并愿意在购买家电时首先考虑购买绿色产品。

调查显示，近三成的人非常欢迎绿色建材；四成左右的人表示愿意消费绿色服装。

——http：//cif. mofcom. gov. cn/

9.5.2　加强生态文化教育

教育是文化传播的最有效的途径，加强生态文化教育，是提高居民文明素质的重要力量，是生态城市建设的具体要求。生态教育是认识价值和澄清概念的过程，它培养人们理解和评价人类及其文化与生物物理环境之间相互关系所必需的态度和技能（韩沙沙，2002）。加强生态教育要从以下几个方面入手：

（1）价值观。传统的价值观认为：凡是没有劳动参与的东西或者不能交易的东西，都是没有价值的，因此，环境资源没有价值。在现实经济活动中便出现“产品高价，原料低价，环境资源零价”的价格扭曲现象，并导致环境资源

无偿占有，掠夺性开发和挥霍浪费使用，造成环境污染、生态破坏和资源枯竭，阻碍和制约了经济社会可持续发展。生态价值观认为：无论从功效论、财富论或地租论上来分析，环境资源是有价值的。首先，这种价值决定于它的有用性，即它具有满足人类需要的功效；其次，环境资源是经济发展的物质基础，它是一种自然财富；第三，环境资源价值的大小决定于它们的稀缺性和开发利用条件；最后还要指出，环境资源的价值应该包括物质性价值和生态性价值两部分，前者比较实，容易量化，容易纳入核算，后者比较虚，难于量化，也难于纳入核算，尚需深入研究。

(2) 道德观念。环境道德观念是指人们对待环境的态度和行为的规范与原则。人们对待环境的态度和行为，应以维护生态平衡，改善环境质量，促进持续发展为准则，使人类与环境和谐相处，协同发展。保护环境是真、善、美的体现，污染环境和破坏生态是假、恶、丑的表现。牢固树立保护环境光荣、污染环境可耻的环境道德风尚。环境道德观念的确立是人们环境意识强化的表现，是社会精神文明建设在环境保护方面的集中表现。

(3) 参与意识。人们在环境意识提高的基础上，必然产生保护、改善和建设环境的使命感和责任心，从而要求人们在日常工作和生活中，时时处处自觉地参与环境保护的各种活动。提高环境保护意识离不开教育，学校教育有着独特的优势，要积极开展形式多样的活动，鼓励和组织学生参与到环境保护的行列中来。

9.5.3 构建绿色生活方式

(1) 在生活主体理念上，实现从一元到多元的转型。在传统的生活方式下，生活主体的特征是“一元”的，即只把当代人作为生活主体，片面追求他们无节制的生活欲求的满足和扩张，而不顾及后代人生活的可持续发展；只把自己、本国当作主体而满足其无限的生活消费需求，忽视或排斥他人、他国具有同等的生活主体权利。这种生活主体理念是片面的、有害的，是背离可持续发展原则的。因为地球的整体性、相依性和有限性决定了极端的一元主体生活必然要危及和损害其他主体的生活，从而破坏生活的可持续发展。因此，生态城市建设中建构生态生活方式，实现可持续发展，必须在生活主体理念上完成从一元到多元的飞跃，即实现当代人和后代人的代际生活主体平等以及自己、本国和他人、他国的代内生活主体平等，使他们都成为具有平等地位和权利的生活主体。

(2) 在生活消费理念上，实现从纵欲到节欲的转型。“纵欲”是非可持续消费的基本特征。我国学者刘福森说：“如果我们用可持续发展的观点对近代资本主义工业文明的消费观进行重新评价的话，那么，我们可以毫不夸张地说，这种消费观是一种‘挥霍型’的消费观，其消费方式是‘纵欲’式的”(刘福森，1998)。美国著名战略学家兹·布热津斯基指出，一股追求在丰饶中的纵欲无度的精神空虚之风开始主宰人类的行为。这种生活方式的最突出的特点是追求不必要的、奢侈的物质消费，它使原来已十分尖锐的两大矛盾——贫富矛盾、发展与环境的矛盾日益激化。因此，根据可持续发展和生态生活方式的要求，必须实现从纵欲到节欲的转型，形成崇尚节约、合理适度的消费体系。《中国 21 世纪议程》把改变消费模式作为可持续发展战略对策的一个重要内容，指出我国的基本国情决定了我们的衣食住行消费要节俭、适度，即使将来实现小康，走向富裕，节约为荣、浪费为耻、奢靡为罪仍需成为世代启蒙教育的内容和终生采取的生活方式。

(3) 在生活质量理念上，实现从重量到求质的转型。生活方式既有“量”的方面，也有“质”的方面，是质量和数量的统一。“量”是指收入水平、住宅、食物、日用品保证的程度；“质”是指社会给个人提供的精神产品和文化财富的性质、社会实行民主的程度、个人参加创造社会财富的特点和个人生活内容丰富的程度。在传统的生活方式下，人们片面地追求生活方式的“量”的方面，失去了生活的本真，人的生存不过成为一种材料、物品和原料而已，全然没有了自身的运动原则。人们似乎是为商品而生活，他们把汽车，别墅、时装、珠宝首饰等当作生活的灵魂。当代资本主义社会物质生活和精神生活断裂，一方面是科学的发达，物质的富裕，另一方面却是人们精神空虚，思想颓废，道德沦丧，犯罪蔓延，这正是片面追求生活方式的“量”而忽视其“质”所必然造成的生活方式灾难。因此，在生态城市建设中必须完成生活方式上的重量到求质的转型，不断改善人们的生活质量，不仅是实现生活方式可持续发展，也是实现整个社会可持续发展的迫切需要。

(4) 在生活伦理上，实现从唯我到他我的转型。长期以来，道德把人与自然的关系排除在道德范畴之外，只强调人的现实利益的责任，忽视人类未来的利益和对未来的义务，是一种“唯我”论的生活伦理观，即从代际关系看，是一种只为当代人生活需要服务而无视后代人生活可持续发展的当代人中心主义的道德观；从与自然的关系看，是一种空缺生态伦理的人类中心主义的道德观。在传统的道德观下，人们毫无顾忌地践踏森林草地植被，掠夺性地开采和肆意浪费各种自然资源，疯狂地捕杀猎食各种有益无害的动物，丝毫没有道德上的自责。这一切强烈地呼唤着人类道德观的整饬，要求在生活伦理上实现从唯我到他我的转型，即从当代人中心主义的道德观转向当代人与后代人代际平等的道德观，从人类中心主义的道德观转向人类生存发展权利与自然界生存发展权利相统一的道德观。这种新的生活道德观要求确立关于后代人和自然界的价值与权利的观念，其核心理念是"明天和今天同样重要"，"只有一个地球，人类要对它表现出关怀"。参阅表 9-3。

表 9-3　绿色生活方式——36 项日常生活行为

类　别	序　号	行为活动
衣	1	少买不必要的衣服
	2	减少住宿宾馆时的床单换洗次数
	3	采用节能方式洗衣
食	4	减少粮食浪费
	5	减少畜产品浪费
	6	饮酒适量
	7	减少吸烟
行	8	每月少开一天车
	9	以节能方式出行 200 公里
	10	选购小排量汽车
	11	选购混合动力汽车
	12	科学用车，注意保养
住	13	节能装修
	14	农村住宅使用节能砖
	15	合理使用空调
	16	合理使用电风扇
	17	合理采暖
	18	农村住宅使用太阳能供暖
	19	采用节能的家庭照明方式
	20	采用节能的公共照明方式

续　表

类　别	序　号	行为活动
用	21	用布袋取代塑料袋
	22	减少一次性筷子使用
	23	尽量少用电梯
	24	使用冰箱注意节能
	25	合理使用电脑、打印机
用	26	合理使用电视机
	27	适时将电器断电
	28	合理用水
	29	用太阳能烧水
	30	采用节能方式做饭
	31	合理利用纸张
其他	32	减少使用过度包装物
	33	合理回收城市生活垃圾
	34	夜间及时熄灭户外景观灯
	35	在农村推广沼气
	36	积极参加全民植树

9.5.4　大力推进公益性文化事业的发展

公益性文化事业主要是指国家兴办的图书馆、博物馆、文化馆（站）、科技馆、群众艺术馆、美术馆等为群众提供的公共文化服务。推进公益文化事业的发展，必须深化文化体制改革，改革方向是增加投入、转换机制、增强活力、改善服务，其主要任务是转换内部机制。着力改革内部人事、收入分配和社会保障制度，采用全员聘用、岗位工资、业绩考核、项目负责等办法，引入竞争和激励机制，健全岗位目标责任制，严格财务管理，降低运行成本。坚持面向基层、面向群众，明确服务规范，改进服务方式，提高服务水平。

（1）加快文化设施建设，推动文化产业发展，充分保障各类公益性文化设施的用地需求，推动形成比较完备的公共文化服务体系。重点建设南宫、长风文化商务区和晋阳文化产业园等市级文化中心和区级文化中心。其中：南宫文化中心整合太原工人文化宫、市少年宫、省图书馆、省京剧院、省歌舞剧院和省晋剧院，依托迎泽公园、南宫广场，形成集文化演出、展示、休闲、教育为一体的文化中心；长风文化商务区建设会展中心、美术馆、图书馆、艺术中心、博物馆、科技馆、大剧院等文化设施，塑造城市公共空间；晋阳文化产业园位于晋阳古城保护范围以东，汾河西岸，打造现代文化产业基地，展示晋阳古城文化。

区级文化中心布局在省博物院、迎新、北营、龙城大街、晋阳湖、新城中心、小店和教育园区。同时，加强居住区级、社区级文化设施建设，增强社区文化氛围，合理安排服务半径，就近满足市民的日常文化娱乐需求。

（2）要做好晋祠景区、双塔景区、崛围山景区、卧虎山动物园等景区的开发整治工程，打造亮丽景区。在开发中整治，在整治中开发，尽快提档升级，发挥龙头作用，用大景点带动小景点整体攀升。

（3）致力文化创新，努力建设文化强市，更好地发挥文化对经济社会进步的巨大驱动作用。要着眼于做大做强文化产业、提升文化品位、展示文化魅力、吸引世界眼光，按照“开发、保护、研究、包装、展示”的总要求，将丰厚的文化资源与现代高新技术有机结合起来，开发具有鲜明地域特色的文化产品，形成产业集群，构建完善的文化创新体系。深化文化体制改革，增强文化发展活力。文化体制改革要坚持把社会效益放在首位，努力实现社会效益与经济效益的统一。加快推进影视、出版和演艺等经营性文化事业单位改革，面向市场，转换机制，组建文广集团，积极推进公益性文化事业单位改革，增加投入，加强管理，激发活力。

（4）突出抓好“两个园区、三大产业板块”建设，大力发展文化产业。加快文化产业园区建设，吸引一批高新技术文化产品创作生产机构，形成数字化开发、影视制作、动漫生产、文物信息复制等方面的产业集群。加快“华夏文明看山西”研究展示园区建设，以晋祠博物馆整体包装和晋阳古城景观恢复为龙头，以西山文物古迹保护、整修、展示为龙身和龙尾，深入挖掘晋阳文化，向国内外游客展示太原丰富的历史文化遗存和灿烂的华夏文明景观。加快民俗文化产业板块建设，充分利用太原及周边地区剪纸、锣鼓等民间艺术，面食、醋、葡萄等名吃特产，婚嫁、社火等民俗文化，明清及民国时期传统剧目，大力开发民间民俗文化产品。加快民族艺术产业板块建设，创作一批具有浓郁太原特色和晋阳风韵的精品剧目，做精做好独具魅力的民歌、民舞、民艺品牌。

附录　城镇生态环境调查问卷

尊敬的女士/先生：

您好！我们正在进行一项课题研究，烦请您在百忙之中完成这份问卷。您的答案无所谓对或错，只要是您的真实想法，都是对我莫大的帮助。我保证，您所填写的一切仅作为学术研究之用，不会作其他任何用途。谢谢！

第一部分　基本信息

您的性别	男	女			
您的年龄	20 以下	20～30	31～40	40～50	50 以上
您的学历	高中以下	高中	大专	本科	研究生
您的家庭月收入	2000 以下	2000～4000	4000～6000	6000 以上	
您的工作单位性质	政府部门	事业单位	国企	私企	自由择业

★您的目前从事的工作是：__________★ 您目前的工作地点是 市______镇______

第二部分　生态经济方面（请在你所选项后打√，可多选）

当地居民的人均收入	5000 元以下	5000～1 万元	1 万～1.5 万元	2 万元以上
当地工业化的发展程度	高	中	低	不知道
近几年当地经济的发展速度	快	一般	慢	不清楚
当地工业化的发展程度	高	中	低	不知道
当地服务业发展速度	高	中	低	不知道
当地经济主体	工业	农业	服务业	不明确
高新技术企业在当地经济的比重	高	中	低	很小
当地工业园区的数量	3 个以上	2	1	没有

续　表

当地居民的人均收入	5000元以下	5000～1万元	1万～1.5万元	2万元以上
工业的主要构成	采矿业、冶炼业	电子、机械制造业	农产品加工业	其他
工业发展造成的污染	很严重	严重	一般	轻微
工业发展造成的环境污染体现在	水污染	大气污染	固体废物污染	其他
造成污染的企业性质	采矿业、冶炼业	电子、机械制造业	农产品加工业	其他
企业有没有相关的环境保护制度	有	没有	正在制定	不知道
企业的环保设备运行状态	无	有而不用	生产时运转	检查时运行

第三部分　生态环境（请在你所选项后打√，可多选）

您认为当地近年来环境的变化趋势	大大下降	略有下降	基本没变	稍有好转
其中：大气污染变化趋势	大大下降	略有下降	基本没变	稍有好转
其中：河水水质变化趋势	大大下降	略有下降	基本没变	稍有好转
其中：噪声与震动变化趋势	大大下降	略有下降	基本没变	稍有好转
其中：农药与化肥变化趋势	大大下降	略有下降	基本没变	稍有好转
其中：固体污染变化趋势	大大下降	略有下降	基本没变	稍有好转
当地空气污染最主要来源于	工业废气	机动车尾气	粉尘	垃圾
当地水污染最主要来源于	工业废水排放	生活污水	垃圾	农药过度使用
当地噪音污染最主要来源于	工业噪音污染	矿业开采	机动车	其他
当地固体废气物污染最主要来源于	工业固体垃圾	生活垃圾	电子垃圾	其他
当地公共设施绿化程度	高	中	低	没有
当地植被破坏程度	很严重	严重	一般	轻微
近年来当地动物种类	增加	保持	减少	个别种类消失
你认为造成当地环境破坏的最主要因素	水土流失	三废排放	化肥农药	人为破坏
当地绿色能源利用现状	沼气	风能	太阳能	没有

续　表

当地历史古迹、文化遗产现状	完好无损	经常修缮	部分破坏	全部破坏
当地的污水处理方法	直接排入河流	直接流入地下	污水处理厂处理	不知道
当地垃圾处理方法	直接堆放	送垃圾处理场	扔到城郊结合带	埋在地下

第四部分　生态政治（请在你所选项后打√，可多选）

当地政府追求	经济发展	社会和谐	环境保护	可持续发展
当地城镇发展规划	不知道	听说过	公示过	没有
政府对破坏环境的企业的态度	坚决打击	不管	只要有效益就包庇	任其发展
当前政府的主要精力集中在	经济建设	环境保护	社会保障	生态意识培养
政府协调或管理的范围	全部	公共领域	企业发展	环境保护
政府对重大事件决策	领导决定	公众参与	专家决策	政府集体决定
政府近年来对环保投入	增加	不变	减少	没有投入
政府近年来对环境环境保护的宣传力度	增加	不变	减少	没有宣传
向政府部门举报环境污染行为后	没有下文	立即处理	奖励举报人	打击举报人
你对政府加强环境保护的奖罚措施	全知道	大部分	少部分	不知道
你对当地政府工作人员的评价	优秀	良好	一般	较差
执法部门对环境违法行为	打击力度相当大	一般	基本不打击	为发展经济支持
当地政府行为反映出的执政理念	追求短期利益	着眼长远发展	以人为本	为了某些人私利

第五部分　生态文化（请在你所选项后打√，可多选）

你认为自然与人的关系共生共存	自然服务于人类	自然是财富	人是自然的主宰	
你参加环境保护活动的次数	3 次以上	2 次	1 次	没有参加过

续 表

当地面临的最大挑战	环境污染	资源枯竭	健康卫生保障	经济发展
环保理念在当地普及程度	很高	高	一般	低
你对污染企业的态度	关闭	保留	增加环保设施	支付污染成本
选择绿色产品与普通产品考虑的因素	价格	质量	安全	生态意识
如果条件允许，你更喜欢的出行方式是	骑自行车	乘公交	开车	步行
你平时购物是	用购物袋	商店给几个塑料袋就用几个	尽量少用塑料袋	多次利用塑料袋
你在吃口香糖后	直接吐在地上	直接吐到垃圾桶	用纸包起来再扔到垃圾桶	扔到偏僻处
你对经济发展和环境保护的态度	先搞好经济再搞好环保	先搞好环保再搞好经济	两方面同时搞好	两方面不能兼顾
你认为使用一次性筷子、饭盒	卫生	方便	时尚	浪费资源
您觉得当地环境治理在哪些方面最薄弱	政策法制不健全	行业主管部门监管不力	群众自身环保意识不强	政府引导不明确
您认为当地政府在改进生态环境发面的工作有哪些需要加强	生态文化宣传	法制法规建设	科学决策	环保资金投入
您认为要实现当地工业发展与环境保护相协调发展，主要依靠	当地政府	地方企业	中央政府	所有公民的环境意识提高
你认为对你最重要	经济收入	安全	卫生	个人发展

第六部分　生态社会（请在你所选项后打√，可多选）

城市与农村，你如何选择	城市	农村	都好	难选择
你对本市医疗、卫生设施	很差	较差	一般	很好
您对本市教育设施的评价	很差	较合理	合理	非常合理
您存款的目的	养老	安全	保值	增值
您对本市交通环境	很满意	满意	一般	不满意

续　表

您生活中的安全感	不安全	一般	安全	非常安全
食物支出在总支出的比重	40％以上	25％～40％	15％～25％	15％以下
您冬天取暖的设备	火炉	电取暖	分户供热	集中供热
您认为保障体系	很差	一般	完善	很完善
子女入托、入学难易度	很难	难	较容易	很容
您做饭用	电	管道煤气	灌装煤气	天然气
您生病时去	在家吃药	小诊所	大医院	社区诊所
您认为本市收入差距	很大	较大	一般	很小

参考文献

[1] [德] 亨特布尔格（Hinterberger，F.）等．葛竞天等译．生态经济政策：在生态专制和环境灾难之间 [M]．大连：东北财经大学出版社，2005.

[2] [美] 戴斯·贾丁斯（Des Jardins，J. R.）．林官明，杨爱民译．环境理论学 [M]．北京：北京大学出版社，2002.

[3] [美] 科尔曼（Coleman，D. A.）．梅俊杰译．生态政治：建设一个绿色社会 [M]．上海：上海译文出版社，2006.

[4] [英] 多布森．郇庆治译．绿色政治思想 [M]．济南：山东大学出版社，2005.

[5] 艾丰．中国“入世”及中国城镇化的一些思考 [J]．中国流通经济，2003（17）：33——35.

[6] 包景岭，骆中钊等．城镇生态建设与环境保护设计 [M]．北京：化学工业出版社，2005.

[7] 陈继宁．美国发展小城镇对我国的启示 [J]．经济体制改革，2005（3）.

[8] 陈蓉．关于我国城镇化的四点思考 [J]．农村经济与技术，2003（3）：4—6.

[9] 成德宁．城市与经济发展——理论、模式与政策 [M]．北京：科学出版社，2005.

[10] 仇保兴．我国城镇化的特征、动力与规划调控 [J]．城市发展研究，2003（10）：4—13.

[11] 崔功豪，王本炎，查彦育等．城市地理学 [M]．南京：江苏教育出版社，1992.

[12] 戴天兴．城市环境生态学 [M]．北京：中国建材工业出版社，2006.

[13] 邓炜．长沙市生态城市建设的研究 [D]．长沙：中南大学硕士学位论文，2004（4）：17.

[14] 丁键．关于生态型城市理论思考 [J]．城市经济研究，1995（10）.

[15] 董德明，包国章．城市生态系统与生态城市的基本理论问题[J]．城市发展研究，2001（8）：32—35.

[16] 董锁成，李泽红，李斌等．中国资源型城市经济转型问题与战略探索 [J]．现代财经，2005（4）：8—11.

[17] 胡放之，熊启滨．湖北发展循环经济的产业体系与重点领域分析 [J]．苏州市职业大学学报，2008（3）.

[18] 费孝通．论中国小城镇的发展 [J]．中国农村经济，1996（3）.

[19] 高殿溽，郭艳华，黄英敏，李华等．生态城市初探 [J]．中国可持续发展，2001（4）.

[20] 高吉喜．可持续发展理论探索：生态承载理论、方法与应用[M]．北京：中国环境科学出版社，2001.

[21] 高云虹．中国城市化动力机制分析［J］．广东商学院学报，2003（3）：4—8.
[22] 工业化和城市化协调发展研究课题组．工业化和城市化关系的经济学分析［J］．中国社会科学，2002（2）.
[23] 辜胜阻．非农化与城镇化研究［M］．杭州：浙江人民出版社，1991：15—21.
[24] 辜胜阻．人口流动与农村城镇化战略管理［M］．武汉：华中理工大学出版社，2001.
[25] 国家发展和改革委员会小城镇改革发展中心，http：//www. town. gov. cn/.
[26] 国家环境保护总局科技标准司．循环经济和生态工业规划汇编［M］．北京：化学工业出版社，2005.
[27] 国家计委宏观经济研究院课题组．关于“十五”时期实施城市化战略的几个问题［J］．宏观经济管理，2000（4）：28—31.
[28] 国务院发展研究中心“十五”计划研究课题组．“十五”时期我国城市化发展战略思考［EB/OL］．http：//uninforum. cei. gov. cn/dre/report/hgjj-drcrep-200081405. Htm.
[29] 韩子荣，连玉明．中国社区发展模式——生态型社区［M］．北京：中国时代经济出版社，2005.
[30] 何艳，徐建明．论可持续发展的生态型小城镇建设［J］．农业现代化研究，2003（1）.
[31] 环保中国．http：//www. ep360. com. cn/.
[32] 黄光宇，陈勇．生态城市理论与规划设计方法［M］．北京：科学出版社，2002.
[33] 黄肇义，杨东援．国内外生态城市理论研究综述［J］．城市规划，2001（1）：59—66.
[34] 姬振海．生态文明论［M］．北京：人民出版社，2007.
[35] 季昆森．循环经济与生态型城镇建设——2003 年 8 月 14 日在全国小城镇建设科技示范工作会议上的报告［R］.
[36] 姜爱林．论城镇化的基本含义［J］．唐山经济，2003（3）：36—38.
[37] 蒋永清．落实科学发展观，发展生态小城镇［N］．光明日报，2004-8-6.
[38] 景星蓉，张健，樊艳妮等．生态城市及城市生态系统理论［J］．城市问题，2004（6）：20—24.
[39] 李彩霞．小城镇建设及其生态环境保护［J］．云南社会科学，2003（6）.
[40] 李宏伟，王炜等．谈小城镇环境保护的对策［J］．河北农业大学学报，2002（10）.
[41] 李科林，石强等．株洲市生态城市建设［J］．城市环境与城市生态，2003（6）.
[42] 李素清，王向东．山西环境承载力及其环境变化机制与驱动力分析［J］．太原师范学院学报，2007（9）：10—13.
[43] 李卫．生态小城镇建设理论初步探索［D］．北京林业大学硕士学位论文，2004.
[44] 李文霆，王和成．循环经济：再造生态城市新模式［M］．北京：中国环境科学出版社，2007.
[45] 李迅．生态文明与生态城市之初探［J］．城市发展研究，2008（S1）.
[46] 李兆前，齐建国．循环经济理论与实践综述［J］．数量经济技术经济研究，2004（9）.

[47] [美] 理查德·瑞杰斯特．沈清基等译．生态城市伯克利：为一个健康的未来建设城市 [M]. 北京：中国建筑工业出版社，2005.
[48] 廖福霖．生态文明建设理论与实践（2）[M]. 北京：中国林业出版社，2003.
[49] 刘超．用循环经济理念建设生态型城镇 [J]. 农业现代化研究，2005（11）.
[50] 刘传江，郑凌云等．城镇化与城乡可持续发展 [M]. 北京：科学出版社，2004.
[51] 刘贵利．城市生态规划理论与方法 [M]. 南京：东南大学出版社，2002.
[52] 刘京希．政治生态论 [M]. 济南：山东大学出版社，2007.
[53] 刘思华．经济可持发展的生态创新 [M]. 北京：中国环境科学出版社，2002.
[54] 刘思华．生态马克思主义经济学原理 [M]. 北京：人民出版社，2006.
[55] 刘志军．论城市定义的嬗变与分歧 [J]. 中国农村经济，2004（7）.
[56] 卢晓园．加快城镇化进程，促进农业剩余劳动力转移 [J]. 农村经济，2003（8）：60—62.
[57] 罗宏，孟伟等．生态工业园区——理论与实证 [M]. 北京：化学工业出版社，2004.
[58] 马道明．城市的理性——生态城市调控 [M]. 南京：东南大学出版社，2008.
[59] 马世骏，王如松．社会—经济—自然复合生态系统 [J]. 生态学报，1984（4）.
[60] 马子清．山西省可持续发展战略研究报告 [M]. 北京：科学出版社，2004.
[61] 蒙世军．城镇化与民族经济繁荣 [M]. 北京：中央民族大学出版社，1998：91—92.
[62] 齐孝福．我国城镇化路径选择 [J]. 宏观经济管理，2005（7）.
[63] 乔忠，瞿振元，金逸民．中国小城镇现代服务业发展研究 [M]. 北京：中国经济出版社，2005.
[64] 秦尊文．小城镇偏好探微 [J]. 中国农村经济，2004（7）.
[65] 任世英，邵爱云．试谈中国小城镇规划发展中的特色 [J]. 城市规划，1999（2）.
[66] [日] 山田浩之．魏浩光等译．城市经济学 [M]. 大连：东北财经大学出版社，1994.
[67] 沈满洪等．绿色制度创新论 [M]. 北京：中国环境科学出版社，2005.
[68] 石永林．基于可持续发展的生态城市建设研究 [D]. 哈尔滨工业大学博士论文，2006.
[69] 孙国强．循环经济的新范式：循环经济生态城市的理论与实践 [M]. 北京：清华大学出版社，2005.
[70] 孙兆刚，徐大伟．动力系统平衡态及其在国民经济管理中的应用 [J]. 系统辩证学学报，2004（4）：87—90.
[71] 唐建荣．生态经济学 [M]. 北京：化学工业出版社，2005：2.
[72] 王爱兰．生态城市建设模式的国际比较与借鉴 [J]. 城市问题，2008（6）：88—91.
[73] 王宝刚．国外小城镇建设经验探讨 [J]. 规划师，2003（1）.
[74] 王飞儿．生态城市理论及其可持续发展研究 [D]. 博士论文，2004.
[75] 王宏哲．生态型城镇评价指标体系构建的探讨 [J]. 中国环境管理，2003（3）.
[76] 王梦奎，冯并，谢伏瞻等．中国特色城镇化道路 [M]. 北京：中国发展出版

社，2004.
[77] 王其江．小城镇建设是转移农村富余劳动力的有效途径［J］．改革与理论，2003（3）．
[78] 王如松，欧阳志云．天城合一：山水城建设的人类生态学原理——城市学与山水城市［M］．北京：中国建筑工业出版社，1994：285—295.
[79] 王祥荣．论生态城市建设的理论、途径与措施——以上海为例［J］．复旦学报，2001（8）．
[80] 王祥荣．生态建设论：中外城市生态建设比较分析［M］．南京：东南大学出版社，2004.
[81] 王鑫鳌．论城市基础设施的特点和作用［J］．基础设施建设，2003（9）：32—36.
[82] 王学真，郭剑雄．刘易斯模型与托达罗模型的否定之否定——城市化战略的理论回顾与现实思考［J］．中央财经大学学报，2002（3）：77—80.
[83] 王彦鑫．生态城市建设的动力机制研究［J］．兰州商学院学报，2010（2）：83—87.
[84] 王昀．城镇化是农村劳动力转移的根本出路［J］．上海农村经济，2003（9）：39—41.
[85] 温洋．谈科学的政绩观［J］．广东省社会主义学院学报，2005（1）：45.
[86] 吴凤明，王秀莲．国外城镇化经验及其借鉴［J］．农业经济，2003（4）：33—34.
[87] 吴季松．循环经济：全面建设小康社会的必由之路［M］．北京：北京出版社，2003.
[88] 吴琼，王如松，李宏卿等．生态城市指标体系与评价方法［J］．生态学报，2005（8）．
[89] ［德］Friedrich Schmidt-Bleek．吴晓东，翁瑞译．人类需要多大的世界［M］．北京：清华大学出版社，2003.
[90] 吴贻玉，陈宓宓．生态化是小城镇建设可持续发展的必由之路［J］．重庆广播电视大学学报，2004（6）．
[91] 武春友．资源效率与生态规划管理［M］．北京：清华大学出版社，2006.
[92] 肖万春．农村城镇化进程中的产业结构聚集效应［J］．经济学家，2003（2）：37—43.
[93] 谢文蕙．城市经济学［M］．北京：清华大学出版社，1996：72—74.
[94] 徐国祯．生态文明建设与社会和谐发展［J］．林业经济，2008（6）．
[95] 徐建中，马瑞先．企业生态化发展的动力机制模型研究［J］．生产力研究，2007（17）．
[96] 循环经济网，http：//www.gyce.cn/.
[97] 严立东．经济可持续发展的生态创新［M］．北京：中国环境科学出版社，2002.
[98] 杨建森．生态城市的构架理论研究［J］．城市环境与城市生态，2001（10）．
[99] 杨小波等．城市生态学（2）［M］．北京：科学出版社，2007.
[100] 杨迅周，蔡建霞，魏艳等．小城镇生态工业发展研究［J］．地域研究与开发，2004（8）．
[101] 杨志峰等．城市生态可持续发展规划［M］．北京：科学出版社，2004.
[102] 叶裕民．中国城市化之路：经济支持与制度创新［M］．北京：商务印书馆，2001.
[103] 袁文艺，金佳柳．绿色小城镇：现状、理念及建设［J］．鄂州大学学报，2003（7）．
[104] 曾一昕．探索建立可持续消费模式的途径［N］．人民日报，2007-01-29（09）．
[105] 张坤民等．生态城市评估与指标体系［M］．北京：化学工业出版社，2003.

[106] 张录强．实现可持续发展理想经济模式的探索 [J]. 山东理工大学学报，2005 (9)．

[107] 张录强．循环经济与循环增长模式 [J]. 东岳论丛，2005 (3)．

[108] 张思锋．循环经济：建设模式与推进机制 [M]. 北京：人民出版社，2007.

[109] 赵恩超，包景岭，王小春等．生态小城镇建设的循环经济思考 [J]. 小城镇建设，2004 (1)．

[110] 赵维良，纪晓岚．中国城市化动力机制评价指标体系的构建 [J]. 上海市经济管理干部学院学报，2007 (6)：52.

[111] 郑红娥．社会转型与消费革命——中国城市消费观念的变迁 [M]. 北京：北京大学出版社，2006.

[112] 中国21世纪议程管理中心可持续发展战略研究组．发展的基础：中国可持续发展的资源、生态基础评价 [M]. 北京：社会科学文献出版社，2004.

[113] 中国社会科学院研究生院城乡建设经济系．城市经济学 [M]. 北京：经济科学出版社，1999.

[114] 中国生态经济学会网，http：//www.cees.org.cn.

[115] 中国循环经济网，www.chinaxh.com.cn.

[116] 钟秀明，武雪萍．城市化之动力 [M]. 北京：中国经济出版社，2006.

[117] 周宏春，刘燕华等著．循环经济学 [M]. 北京：中国发展出版社，2005.

[118] 周一星．城市地理学 [M]. 北京：商务印书馆，1995.

[119] 朱华清．城镇化的必然趋势与发展道路 [J]. 贵州社会科学，2003 (3)：13—15.

[120] 朱容皋．绿色小城镇：中国小城镇建设的新理念 [J]. 郴州师范高等专科学校学报，2003 (8)．

[121] 朱文明．中国城镇化进程与发展道路、模式选择 [J]. 云南财贸学院学报，2003 (17)．

[122] 诸大建．生态文明与绿色发展 [M]. 上海：上海人民出版社，2008.

[123] Andre Botequilha Leitao，Jack Ahern. Applying Landscape Ecological Concepts and Metrics in Sustainable Landscape Planning [J]. Landscape and Urban Planning，2002 (59)：65—93.

[124] Button K. City management and urban environmental indicators [J]. Ecological Economic，2002 (40)：217—233.

[125] Camagni R.，Capello R.，Nijkamp P. Towards sustainable city policy：an economy-environment technology nexus [J]. Ecological Economics，1998 (24)：103—118.

[126] Carey D. I. Development Based on Carrying Capacity [J]. Global Environmental Change，1993，3 (2)：140—148.

[127] Castaneda B. E. 1999. An index of sustainable economic welfare (ISEW) for Chile [J]. EcologicalEconomics，28：231—244.

[128] Commoner Barry. The Relation between Industrial and Ecological Systems [J]. Journal of

Cleaner Production, 1997, 5 (1): 125—129.

[129] Daily. Management objectives for the protection of Environmental Science&Policy, 2000 (3): 333—339.

[130] Ekns P, Simon S. Estimating sustainability gaps: methods and preliminary applications for the UK and the Netherlands [J]. Ecological Economics, 2001 (37): 5—22.

[131] Folke C., Jansson A., Larsson J., Costanza R. Ecosystem appropriation of cities [J], 1997 (26): 167—172.

[132] Godefroid, Sandrine. Temporal Analysis of the Brussels Flora as Indicator for Changing Environmental Quality [J]. And scape and Urban Planning. 2001, 52 (4): 203—224.

[133] Hoflces M. Modelling sustainable development: An economy-ecology integrated model [J]. Economic Modeling, 1996 (13): 333—353.

[134] Jing Yu, Shuzhen Yao, Rongqiu Chen, Kejun Zhu, Liandi Yu. A Quantitative Integrated Evaluation of Sustainable Development of Mineral Resources of a Mining City: A Case Study of Huangshi [J]. Eastern China. Resources Policy, 2005.

[135] John Dixon. Expanding the Measure of Wealth-Indicators of Environmentally Sustainable Development [J]. Environmental Department, 1997: 19—30.

[136] Kenneth Button. City Management and Urban Environmental Indicators [J]. Ecological Economics, 2002, 40 (2): 217—233.

[137] McMahon S. K. The development of quality of life indicators——a case study from the City of Bristol, UK [J]. Ecological Indicators, 2002 (2): 177—185.

[138] Mee Kam Ng, Hills P. World cities or great cities? A comparative study of five Asian metropolises [J]. Cities, 2003, 20 (3): 151—165.

[139] Newman P. W. Cz. Sustainability and cities: extending the metabolism model [J]. Landscape and Urban Planning, 1999 (44): 219—226.

[140] Nijkamp P. et al. Sustainable Cities in European [M]. London: earthscan Publication Limited, 1994.

[141] Pouyat R., Groffman P., Yesilonis L, Hernandez L.. Soil Carbon Pools and Fluxes in Urban Ecosystems [J]. Environmental Pollution, 2002, 116 (1): 107—118.

[142] R. B., Farber S. Accounting for the value of ecosystem services [J]. Ecological Economics, 2002 (41): 421—429.

[143] Roseland M. Dimensions of the eco-city [J]. Cities, 1997, 14 (4): 197—202.

[144] Roseland M. Dimensions of the Future: an Eco-city Overview. New Society Publishers, 1997.

[145] Rotmans J., Asselt M., Vellinga P. An integrated planning tool for sustainable cities [J]. Environmental Impact Assessment Review, 2000 (20): 265—276.

［146］ Savard Jean Pierre L，Clergeau Philippe，Mennechez Gwenaelle. Biodiversity Concepts and Urban Ecosystems [J]. And scape and Urban Planning，2000，48 (3)：131—142.
［147］ Scalera D. Optimal Consumption and the environment [J]. Environmental and Resource Economics，1996 (7)：375—389.
［148］ Seidl F. A.，Moraes S. A. Global valuation of ecosystem services：application to the Panatela Nhecolandia [J]. Brazil. Ecological Economics，2000 (33)：1—6.
［149］ Shi Tian. Ecological Economics as A Policy Science：Rhetoric or Commitment Towards an Improved Decision-Making Process on Sustainability. Ecological Economics，2004，48 (1)：23—36.
［150］ Wang Xiangrong. Ecological Planning and Sustainable Development：A Case Study of an Urban Development Zone in Shanghai，China. International Journal of Sustainable Development and World Ecology，1998 (5)：204—216.
［151］ Wang yanxin. The Eco-city Construction's Dynamic Model and Real Diagnosis-take Taiyuan as an example. Advancesin management of Technology—Proceedings of The 5th International Conference on managemant of Technology. Aussino Academic Publishing House，2010 (8)：182—188.